U0230124

跟我一起学 人工智能

ChatGPT实践

智能聊天助手的探索与应用

戈 帅 ◎ 编著

清華大學出版社

北京

内容简介

本书旨在帮助读者深入理解和应用智能聊天技术 ChatGPT。全书共 8 章，内容包含 ChatGPT 的发展背景、发展历程、核心功能、优点和局限，入门操作指南，基本使用技巧，工具和资源，高级使用技巧，OpenAI API 开发，使用安全与隐私建议，未来前景展望等。

这是一本全面详尽的 ChatGPT 实用指南，旨在帮助读者从零开始理解和应用 ChatGPT 这一强大的 AI 技术。无论是对 ChatGPT 尚未了解，还是想进一步掌握使用技巧，抑或是对其深度开发有兴趣的读者，尤其是青少年，都能通过阅读本书找到满意的答案。

图书在版编目（CIP）数据

ChatGPT 实践 ：智能聊天助手的探索与应用 / 戈帅编著. -- 北京 ：清华大学出版社，2024. 12. --（跟我一起学人工智能）. -- ISBN 978-7-302-67740-6

Ⅰ. TP11

中国国家版本馆 CIP 数据核字第 2024DT9920 号

责任编辑：赵佳霓
封面设计：吴　刚
责任校对：时翠兰
责任印制：杨　艳

出版发行：清华大学出版社
网　　址：https://www.tup.com.cn，https://www.wqxuetang.com
地　　址：北京清华大学学研大厦 A 座　　**邮　　编**：100084
社 总 机：010-83470000　　**邮　　购**：010-62786544
投稿与读者服务：010-62776969，c-service@tup.tsinghua.edu.cn
质量反馈：010-62772015，zhiliang@tup.tsinghua.edu.cn
课件下载：https://www.tup.com.cn，010-83470236
印 装 者：三河市科茂嘉荣印务有限公司
经　　销：全国新华书店
开　　本：186mm×240mm　　**印　　张**：10.25　　**字　　数**：231 千字
版　　次：2024 年 12 月第 1 版　　**印　　次**：2024 年 12 月第1 次印刷
印　　数：1～1500
定　　价：49.00 元

产品编号：103312-01

前言

PREFACE

随着人工智能技术的不断发展和进步，聊天机器人作为其中的一项重要应用，已经在人们的日常生活中扮演着越来越重要的角色，成为人们学习、工作、交流信息、解决问题乃至娱乐休闲的新颖方式。本书致力于引领读者深入智能聊天助手的神秘世界，传授如何优雅、高效地驾驭这一科技力量的方法。本书内容紧扣实用、深入浅出，不论是专业人士，还是科技爱好者，都能在阅读中收获丰富的知识和实用的技巧。

本书特色

本书全面介绍了 ChatGPT 的背景、功能、特点及应用领域，并向读者展示了如何加入 ChatGPT 的相关社区和论坛进行深层次的交流学习；内容包括从 ChatGPT 介绍到 ChatGPT 账号注册及认证，再到 ChatGPT 账号注册及认证过程。同时还提到了个性化设置和使用技巧，使读者可以更好地理解和使用这个强大的工具；书中包含大量的实操内容，包括如何使用 ChatGPT 插件，如何通过集成开发环境(IDE)进行开发，以及如何通过 API 进行开发等，让读者可以按图索骥、快速上手。

本书内容

本书旨在帮助读者快速了解和使用 ChatGPT，提高学习和工作效率。同时指导读者在使用 ChatGPT 的过程中注意数据安全与隐私保护，让读者在享受便利的同时，保证自身权益不受侵犯。也为读者展望了 ChatGPT 的未来发展趋势，包括技术优化、应用领域的扩大，以及对于隐私保护、伦理监管发展等相关话题的深入探讨。

第 1 章：ChatGPT 介绍，引领读者探索智能聊天技术的奥秘。本章详细阐述了 GPT 的发展背景及历程，深入剖析了 ChatGPT 的训练过程、功能特性、特点及局限。同时，指引读者了解并参与到 ChatGPT 相关的社区和论坛，以接触更多的信息和获得更多的交流机会。更重要的是本章将会展示 ChatGPT 在多个领域(如教育、编程指导、技术支持和语言学习等)的广泛应用，让读者直观感受其强大的实用性。

第 2 章：ChatGPT 入门指南，为读者提供关于 ChatGPT 的基本操作知识，包括如何注册及认证账号、登录使用，熟悉操作界面，如何启动一次对话，以及对话礼仪和管理期望等，使读者能够无困扰地开始使用这一智能聊天技术。

第 3 章：ChatGPT 使用技巧，向读者展示如何进一步提升与智能聊天助手的交互过程。如何更清晰地表达自己的请求，如何有效地利用上下文信息获取更准确的响应，以及如何进行聊天内容和角色设定的定制化，使智能聊天助手能更贴合用户的个性化需求，提升使用体验。

第4章：ChatGPT免费工具大揭秘，为读者提供了一系列免费的工具和资源，包括网络浏览器ChatGPT插件、免费的ChatGPT软件应用及ChatGPT免费在线平台，这有助于读者更有效地利用并掌握这一智能聊天技术。

第5章：ChatGPT高级聊天技巧，深入介绍一些高级的对话策略，以帮助读者提升与智能聊天助手的交流效果。本章将探讨如何通过合理提问、有效管理上下文信息及定制化调整对话模型，来调优你和ChatGPT的对话体验。

第6章：个性化聊天软件开发，详细探讨如何通过OpenAI API独立开发和提升聊天助手的性能。本章将为读者提供详细且实用的指导，帮助读者构建自己的个性化聊天软件。

第7章：ChatGPT使用安全与隐私建议，重点阐述了在使用智能聊天助手时关于安全与隐私的重要问题，并为这些问题提供了具体的应对策略和建议。帮助读者更安全、更放心地使用ChatGPT技术。

第8章：ChatGPT未来前景展望，为读者展示未来智能聊天助手技术可能的发展趋势和潜在影响。讨论智能聊天技术在各种不同领域的预期应用，以及它可能对人们日常生活和工作产生的积极影响。

欢迎所有对智能聊天助手有浓厚兴趣的读者阅读本书。本书的读者对象非常广泛，包括但不限于：

（1）高等院校师生。

（2）程序员和软件工程师。

（3）AI从业人员。

资源下载提示

读者可通过扫描封底的文泉云盘防盗码，再扫描目录上方的二维码自行下载本书源码。

勘误和致谢

笔者尽最大努力确保本书内容的准确性，但鉴于科技领域的快速发展，可能会有疏漏之处，敬请广大读者指正和反馈。感谢您购买本书，祝您阅读愉快！

感谢清华大学出版社编辑对编写本书提供的无私帮助和宝贵建议，正是由于他们的耐心和支持才让本书得以问世。

戈　帅

2024年11月

目录
CONTENTS

本书源码

第1章 ChatGPT介绍

ChatGPT(Chat Generative Pre-trained Transformer,聊天生成型预训练转换器)是由OpenAI精心打造的一款先进的人工智能聊天机器人程序,它在2022年11月正式发布。ChatGPT融合了基于GPT-3.5架构的巨型语言模型,并采用强化学习技术不断地进行优化训练,从而能够理解并生成接近自然语言的文本。通过人类教导者进行的互动式学习,该程序在问答、任务执行、多轮对话等方面展现出了卓越的性能,极大地拓展了人机交互的可能性。

1.1 GPT介绍

1.1.1 GPT发展背景

GPT的发展源于计算机科学领域的几个关键进展,每个进展都为GPT的诞生和演化提供了坚实的基础。

1. 自然语言处理的兴起

随着互联网和社交平台的普及,生成和分析自然语言的需求日益增长。研究人员开始致力于开发算法来模拟人类的语言理解和表达能力,以便计算机直接与人类交流。

2. 深度学习的进展

神经网络的设计和训练技术取得了飞速发展,卷积神经网络(Convolutional Neural Network,CNN)和循环神经网络(Recurrent Neural Network,RNN)等模型在各类模式识别任务中取得了优异的表现。这些模型的成功激发研究人员探索深度学习在语言理解领域的潜力,促进了自然语言处理技术的发展。

3. 大数据的可用性

为了训练稳健性更强、理解力更深的模型,需要大量的数据作为训练材料。互联网为我们提供了海量的文本数据,而且由于数字化趋势,这种数据越发丰富和多样化,为自然语言模型的训练提供了条件。

4. 硬件发展

处理大规模数据和复杂模型需要强大的计算能力。随着GPU(图形处理单元)和TPU

(张量处理单元)等专用硬件的发展,使并行处理成为可能,显著地加快了神经网络模型的训练过程。

5. Transformer 模型的提出

2017 年,谷歌推出了 Transformer 模型。这一模型采用自注意力机制(Self-Attention),可以有效地处理长距离的数据依赖问题。

Transformer 在处理序列数据时的优越性能,特别是在语言相关任务上的表现,为后来的模型提供了新的架构方向。

6. 预训练和微调的理念

GPT 模型的设计哲学基于预训练(Pre-Training)和微调(Fine-Tuning)两阶段。

在预训练阶段,模型在大量未标记文本上学习丰富的语言表示,捕捉到广泛的语言规律和知识。

在微调阶段,模型针对特定任务进行调整,利用较少的标记数据优化其表现。

综上所述,GPT 的发展背景基于自然语言处理(Natural Language Processing,NLP)的需求、深度学习技术的突破、大数据时代的来临、计算硬件的革新及 Transformer 框架的创新。这些因素共同塑造了 GPT 的成功,从而在自然语言处理领域取得了革命性的进步。

1.1.2 GPT 发展历程

GPT 模型作为自然语言处理领域的一项创新技术,其发展历程不断突破语言模型的界限,为人工智能和机器学习领域带来令人瞩目的进步。以下介绍从 GPT-1 到 GPT-4 的发展脉络。

1. GPT-1

GPT-1(Generative Pre-trained Transformer 1,生成型预训练转换模型 1)建立在谷歌在 2017 年推出的 Transformer 架构基础之上。这是 OpenAI 推出的首个大规模语言模型,OpenAI 在 2018 年发表了题为《用非监督学习来提升自然语言理解》(*Improving Language Understanding by Generative Pre-Training*)的研究论文,详细介绍了 GPT-1 初步模型及基于 Transformer 的生成型预训练模型的概念。

在 GPT-1 出现之前,取得良好成绩的神经网络语言处理模型大多依靠大规模标记数据进行监督学习。虽然这种方法在特定数据集上有效,但它对高质量标记数据的依赖限制了模型在更广泛数据上的应用,并且训练庞大的模型既耗时又昂贵。另外,对于那些缺乏足够文本材料以建立专业语料库的语言,如斯瓦希里语或海地克里奥尔语,这些模型在翻译和理解方面表现不佳。

区别于前述方法,GPT-1 采用了一种半监督学习方法,分为两个阶段:首先是无监督的预训练阶段,模型使用大量未标记文本数据,通过目标函数初步设定模型参数,其次是有监督的微调阶段,在此阶段中,已设定的参数在特定任务上进行进一步的训练和优化。

与之前采用注意力机制强化的循环神经网络相比,GPT-1 所利用的 Transformer 架构为模型提供了一种更为结构化的记忆能力,这种结构化记忆使模型展现出跨多个任务的强大泛化能力。

2. GPT-2

GPT-2(Generative Pre-trained Transformer 2,生成型预训练转换模型 2)由 OpenAI 在 2019 年 2 月推出。这款开源人工智能模型具备文本翻译、问题解答、内容总结及文本生成等功能。GPT-2 在生成短文本时可以产生与人类写作相似的输出,但是在一些长文本生成场景中,内容可能出现重复或离题的情况。

GPT-2 是一种通用型学习系统,它并没有被专门训练去执行某项具体任务。它可以作为 OpenAI 在 2018 年发布的 GPT 模型的增强版,其参数数量和训练数据集的规模相比前者都实现了约十倍的增长。正是这些扩展,让 GPT-2 能够更准确地理解和生成更复杂多样的自然语言文本。

3. GPT-3

GPT-3(Generative Pre-trained Transformer 3,生成型预训练转换模型 3)是一款采用自回归机制的先进语言模型,旨在利用深度学习技术生成人类可以理解的自然语言文本。GPT-3 的研究与开发工作由 OpenAI 承担,该模型的基础架构继承自谷歌开发的 Transformer 语言模型。

GPT-3 的神经网络体系拥有 1750 亿个参数,并且其数据存储需求达到了 700GB,使其成为迄今为止参数最多的神经网络模型。在众多的语言任务中,GPT-3 表现出卓越的零样本(zero-shot)和少样本(few-shot)学习能力。

OpenAI 于 2020 年 5 月公布了 GPT-3 的研究论文,并在 6 月向少数公司和开发者团队提供了应用编程接口(API)的测试版。到 2020 年 9 月 22 日,微软宣布已获得 GPT-3 的独家使用权。

GPT-3 生成的文本与人类书写的文本通常难以区分。尽管 GPT-3 的原始论文作者发出了对该模型可能引起的社会负面影响的警告,如制造虚假新闻的潜在风险,英国《卫报》仍利用 GPT-3 创造了一篇声称人工智能对人类无威胁的评论文章。人工智能专家李开复甚至评价称"卷积神经网络和 GPT-3 是人工智能重要的里程碑,它们代表了模型加海量数据所能达到的成就"。

4. GPT-3.5

GPT-3.5(Generative Pre-trained Transformer 3.5,生成型预训练转换模型 3.5)是在 GPT-3 基础上的进一步演进,是以自回归机制为核心的高级语言模型。该模型仍然集中于运用先进的深度学习技术,以生成符合人类认知方式的自然语言文本。由于 GPT-3 已经实现了巨大的成功,OpenAI 决定趋于稳步发展,专注于通过优化其算法来提升整体性能,而非仅仅追求参数数量的增加。

GPT-3.5 在参数数量和架构上虽未发生根本性变革,但通过更精细的调整模型使其对特定任务的处理能力得到增强。微调后的模型在逻辑推理与理解、语言生成流畅度及复杂任务执行方面取得了可观进展,从而对很多零样本和少样本学习场景的适应性进行了改善。

OpenAI 继续对 GPT-3.5 进行严格的内部测试,并向选定的合作伙伴和开发者社区提供测试接口,以便更广泛地应用于多种场景。同时,秉持着对技术细节和能力相对透明的原则,尽管没有大张旗鼓地公布,但是 GPT-3.5 不断增强其在开发者工具箱中的地位。

GPT-3.5 的创新之处在于,它不仅在语言理解和生成方面播撒种子,也在更为细分的应用(如专业领域交流、知识查询及交互娱乐等)方面展现出了新的活力。与此同时,GPT-3.5 的开发者没忘记增添安全控制和审计机制以应对潜在的社会风险,如错误信息的传播。

虽然 GPT-3.5 并未造成与 GPT-3 相同的轰动效应,但它作为 GPT 系列发展的一部分,向外界展示了 OpenAI 持续在技术追求与社会责任之间寻找平衡的努力,并为后续版本奠定了更为稳固的基础。

5. GPT-4

GPT-4(Generative Pre-trained Transformer 4,生成型预训练转换模型 4)是 OpenAI 最新开发的自回归语言模型,正式发布日期为 2023 年 3 月 14 日。据 Vox 报道,GPT-4 在各方面都显著地超越了 OpenAI 先前发布的 GPT-3 及 GPT-3.5 模型,而 The Verge 报道提到了关于 GPT-4 参数数量将从 GPT-3 的 1750 亿个大幅增加到 100 万亿个的传闻,但这一传言被 OpenAI 首席执行官山姆·奥尔特曼斥责为“纯属虚构”。

美国众议员堂·拜尔和刘云平在接受《纽约时报》采访时证实,奥尔特曼在 2023 年 1 月的国会访问中展示了 GPT-4 及其在“安全控制”方面相对其他人工智能模型的显著改进。

GPT-4 的一个重大升级是模态性的拓展。微软在 3 月 9 日宣布,GPT-4 不仅能处理文本,还将为多模态用途扩展,微软计划将 GPT-4 整合进 Microsoft Office 套件中。

OpenAI 宣布 GPT-4 时强调了新模型的可靠性、创造性和对细微指令的处理能力有所提升。GPT-4 提供了两个版本,上下文窗口大小分别可达 8192 个令牌和 32 768 个令牌,这比 GPT-3.5 的 4096 个令牌和 GPT-3 的 2049 个令牌限制有了显著增加。作为一种创新,GPT-4 能将图像及文本作为输入,这一能力使其能够对包含幽默的图像进行描述、总结截屏中的文本,甚至解答含有图表的问题,然而,尽管 GPT-4 拥有这些新技能,但它仍然和前代模型一样,存在生成不基于现实的“幻觉答案”的倾向。

1.2 ChatGPT

1.2.1 ChatGPT 概述

ChatGPT 使用基于 GPT-3.5、GPT-4 架构的大型语言模型并通过强化学习训练。ChatGPT 目前仍以文字方式交互,而除了可以用人类自然语言来交互,还可用于甚为复杂的语言工作,包括自动生成文本、自动问答、自动摘要等多种任务。如在自动文本生成方面,ChatGPT 可以根据输入的文本自动生成类似的文本(剧本、歌曲、企划等);在自动问答方面,ChatGPT 可以根据输入的问题自动生成答案;ChatGPT 还有编写和调试计算机程序的能力。在推广期间,所有人可以免费注册,并在登录后免费使用 ChatGPT 与 AI 机器人对话,如图 1-1 所示。

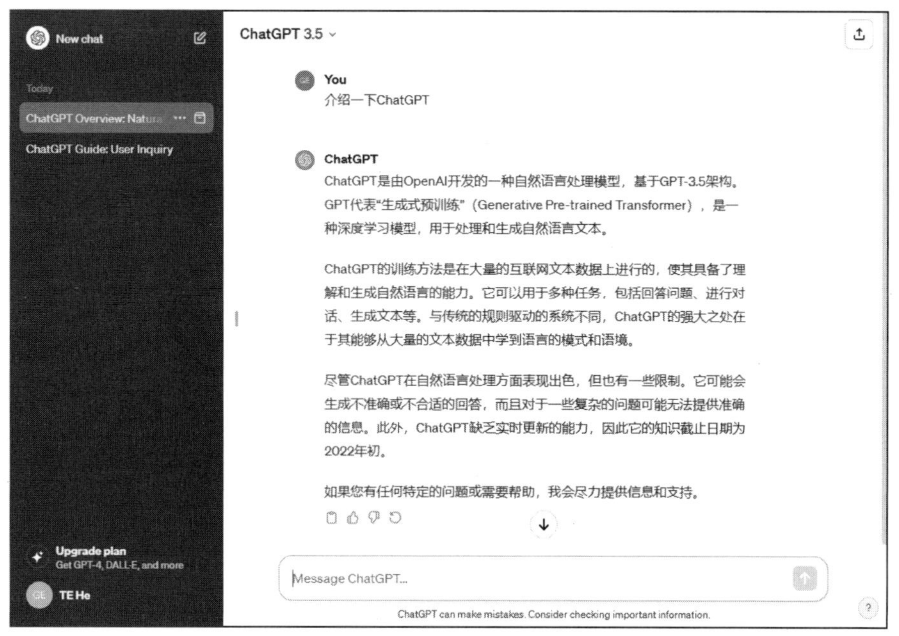

图 1-1 ChatGPT 界面

ChatGPT 可写出类似真人创作的文章，并在许多知识领域能给出详细和清晰的回答而迅速获得关注，从前认为 AI 不会取代的知识型工作它也足以胜任，对金融与白领人力市场的冲击相当大，但也认为事实准确度参差不齐是其重大缺陷，并认为基于意识形态的模型训练结果须小心校正。ChatGPT 于 2022 年 11 月发布后，OpenAI 估值已涨至 290 亿美元。上线 5 天后已拥有 100 万用户，上线两个月后已拥有上亿用户。目前 GPT-3.5 为免费版本，GPT-4 仅供 ChatGPT Plus 会员使用，每三小时能发送 50 条消息。

虽然 ChatGPT 在生成文本方面表现出了卓越的能力，但它们很容易继承和放大训练数据中存在的偏差。这可能表现为对不同人口统计数据的歪曲表述或不公正待遇，如基于种族、性别、语言和文化群体的不同观点与态度。

1.2.2 ChatGPT 训练

ChatGPT 的训练采用了监督学习和强化学习这两种训练方法，对基于 GPT-3.5 的模型进行了进一步的微调。通过这两种方式，人类训练员的直接反馈用于提高 AI 模型的性能，使其生成的文本更加精准和自然。

在监督学习阶段，训练员会提供大量高质量的对话样本，在这些样本中，训练员扮演用户和 AI 双方的角色，以此来训练 ChatGPT，使其能够更好地理解和生成符合预期的交流内容。

至于强化学习阶段，训练员会评价 ChatGPT 在之前对话中生成的回应，并基于这些评级建立一个"奖励模型"。接着，采用近端策略优化（Proximal Policy Optimization，PPO）算法进行多轮迭代微调，进一步提升模型的表现。PPO 是一种优于其他算法（如信任域策略优化，TRPO）的先进算法，因为它在效率和效果方面取得了更好的平衡。

除了专业训练之外，OpenAI 也通过采纳用户的反馈进行 ChatGPT 的迭代。用户通过对回复的点赞或点踩或提供详细反馈，为 ChatGPT 的持续优化贡献数据。

在涉及编写和调试计算机代码的能力上，虽然 ChatGPT 不像人类开发者那样直接理解编程，但它能够通过分析和理解代码片段之间的统计关联性来辅助完成编程任务。

斯坦福大学的研究显示，GPT-3 有能力完成很多需要心智理论的任务，并且与 7 岁儿童的表现相当。进一步地，GPT-3.5（ChatGPT 的原型）表现更好，完成了更高比例的任务，类似于 9 岁儿童的心理水平，然而，这并不意味着 ChatGPT 拥有心理理论的能力，它可能作为训练的副产品展现出来，因此，比起纠结 GPT-3.5 是否真的“具有”心智，更值得思考的是这些测试的本质及其对 AI 技术发展的意义。

1.2.3 ChatGPT 功能

ChatGPT 凭借其强大的语言模型，展现出多样化的功能，能够在各类文本交互应用场景中发挥作用，其主要功能包括但不限于以下几点。

（1）自然语言理解和回复。ChatGPT 可以理解用户输入的自然语言文本，并生成流畅、合理的对话回复。这意味着它在问答、聊天和指导方面表现出色。

（2）内容创作。无论是撰写文章、编写剧本还是创作歌词，ChatGPT 都能提供创意支持和文本生成，使用者可以根据需求指导 ChatGPT 生成特定风格和主题的内容。

（3）编程辅助。ChatGPT 可以帮助用户理解编程难题，并提供解决方案和建议，甚至能够帮助调试代码，有效提升编程工作的效率。

（4）教育辅导。作为一个学习工具，ChatGPT 可以辅助教育工作，为学生提供课业指导、解答疑难问题，也可以作为语言学习的练习伙伴。

（5）信息搜索与整理。ChatGPT 能够快速检索大量信息，并为用户总结相关内容。这使其在研究、数据分析和报告编写中可发挥重要作用。

（6）多语言支持。ChatGPT 支持多种语言，不仅能以用户的母语进行交流，还能提供语言翻译服务，打破语言障碍。

（7）模拟对话和角色扮演。用户可以与 ChatGPT 进行模拟对话或角色扮演，从而进行情景模拟训练或娱乐。

（8）情感支持。尽管 ChatGPT 不具备真实的情感，但它可以提供基本的情感支持和陪伴，帮助用户缓解孤单感。

（9）意见和策略建议。在决策过程中，ChatGPT 能够根据其训练数据与知识库提供意见和建议。

（10）反馈和改善。ChatGPT 能够接受用户反馈，并在持续的训练中不断地优化其响应，使其日益接近用户的期望。

总体来讲，ChatGPT 的功能十分广泛，它通过强大的语言处理能力为用户在学习、工作和娱乐等方面提供便利和支持。随着技术的不断进步，ChatGPT 的应用场景将会变得更加丰富多彩。

1.2.4 ChatGPT 特点和局限

1. 特点

虽然聊天机器人的核心功能是模仿人类对话者，但 ChatGPT 用途广泛。例如，具有编写和调试计算机程序的能力；撰写学生论文；回答测试问题（在某些测试情境下，水平高于普通人类测试者）；作曲；编剧；创作小说诗歌；模拟 Linux 系统等。ChatGPT 的训练数据包括各种文档及关于互联网、编程语言等各类知识，如 BBS 和 Python 编程语言。

与其前身 InstructGPT 相比，ChatGPT 试图减少有害和误导性的回复。例如，当 InstructGPT 接受“告诉我 2015 年克里斯托弗·哥伦布何时来到美国”的提问时，它会认为这是对真实事件的描述，而 ChatGPT 针对同一问题则会使用其对哥伦布航行的知识和对现代世界的理解来构建一个答案，假设如果哥伦布在 2015 年来到美国，则可能会发生什么。

与其他多数聊天机器人不同的是，ChatGPT 能够记住与用户之前的对话内容和给它的提示。此外，为了防止 ChatGPT 接受或生成冒犯性言论，输入内容会由审核 API 进行过滤，以减少潜在的种族主义或性别歧视等内容。

2. 局限

ChatGPT 也存在多种局限，OpenAI 承认 ChatGPT“有时会写出看似合理但不正确或荒谬的答案”，这在大型语言模型中很常见，称作人工智能幻觉，其奖励模型围绕人类监督而设计，可能导致过度优化，从而影响性能，即古德哈特定律。ChatGPT 对 2021 年之后发生的事件知之甚少。在训练过程中，不管实际理解或事实内容如何，审核者都会偏好更长的答案。训练数据也存在算法偏差，可能会在 ChatGPT 被问及人物描述时显现出来，例如当程序接收到 CEO 之类的模糊描述时可能会假设此人是白人男性。

1.2.5 ChatGPT 服务

ChatGPT 所提供的服务种类多样，可以根据用户的不同需要提供相应的服务，包括基本服务、ChatGPT Plus 优质服务、团队服务、移动应用及面向软件开发者的 API 支持，如图 1-2 所示。

1. 基本服务

ChatGPT 的基本服务于 2022 年 11 月 30 日由位于旧金山的 OpenAI 发布（见图 1-3），发布仅 5 天，用户数量就突破了 100 万，两个月后，即 2023 年 1 月，ChatGPT 的月活跃用户约为 1 亿。

ChatGPT 基本服务最初向公众免费开放，并展望未来通过该服务赢得商业利益。截至 2023 年 12 月，ChatGPT 的用户数已经突破 17 亿，使 ChatGPT 成为当时增长速度最快的消费者应用之一。

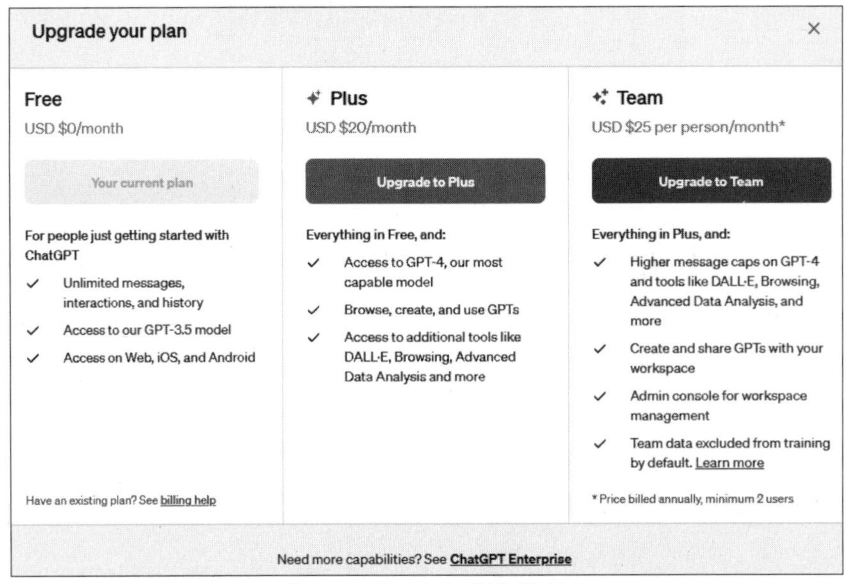

图 1-2　ChatGPT 服务类型

图 1-3　OpenAI 公司总部

据 2022 年 12 月 15 日全国广播公司商业频道的报道，尽管 ChatGPT 已取得显著的用户增长，但服务仍不是完全无瑕的。“仍然不时发生故障”是该报道中提及的问题之一。该服务在处理英语内容时表现最佳，虽然它支持多种语言，但在其他语言上的效果存在差异。

2023 年 2 月 7 日，微软借助与 OpenAI 的合作关系，推出了必应 AI 的预览版。微软将这一平台标榜为“新的下一代 OpenAI 大型语言模型，不仅功能超越了 ChatGPT，并且为搜索用例进行了专门的优化和定制”。

美国的互动问答网站 Quora 亦不落人后，于 2022 年 12 月推出了名为 Poe（Platform for Open Exploration，开放探索平台）的软件平台，该平台支持 GPT-3.5 和 GPT-4 等模型，为用户提供增强的交互体验。

2. ChatGPT Plus 优质服务

OpenAI 于 2022 年 11 月推出了其 ChatGPT 专业版服务计划，即 ChatGPT Plus，该服

务计划需按月支付 20 美元的费用。这一计划正在逐渐向更多国家和地区拓展，而对于使用需求不高的用户，仍可选择使用免费版服务。

截至 2023 年 3 月 12 日，OpenAI 宣布推出多模态能力更强的 GPT-4 模型，并计划引入图像输入功能。免费用户若想使用 GPT-4 服务，则可以通过申请 API 访问权限，或者选择升级至 ChatGPT Plus 用户。

2023 年 7 月，OpenAI 决定将其 Advanced Data Analysis 功能开放给所有 ChatGPT Plus 的订阅者。这项功能提供了一系列广泛的服务，如数据分析和解析、即时数据格式化、个性化数据科学咨询服务、创新解决方案、音乐品味分析、视频编辑，以及支持文件上传/下载和图像提取。紧接着在 2023 年 9 月，ChatGPT Plus 服务新增了交流和图像识别能力。同年 10 月，服务再次升级，增加了 DALLE-3 图像生成功能。

到了 2023 年 11 月，在 OpenAI 的开发者大会上发布了两项重要更新：推出新款的聊天机器人创建工具 GPT 和 ChatGPT 的新模型 GPT-4 Turbo，进一步扩展了服务平台的能力和应用范围。

3. 团队服务

ChatGPT 团队服务专为企业或组织提供，旨在通过协作功能、管理控制及先进技术的支持提高团队成员运用 ChatGPT 技术的工作效率。这项服务涵盖了以下几个主要方面。

(1) 多用户管理权限。便于根据团队成员的不同角色分配相应的权限和访问控制。

(2) 增强的会话历史功能。使团队成员能够共享并回顾历史对话，提高团队合作的效率。

(3) 高级数据分析和报告工具。辅助团队追踪使用情况，提升工作流程和决策质量。

(4) 优先级别的客户支持及按需的定制开发服务。满足特殊的团队需求。

(5) 集成的企业级安全与合规功能。确保信息安全，符合行业规范和标准。

综上所述，ChatGPT 团队服务的目的是使企业和组织能更有效地利用 ChatGPT 技术，促进团队成员间的高效协作，以及提高整体的工作成效和产出品质。

4. 移动应用

在 2023 年 5 月 18 日，OpenAI 正式推出了专为 iOS 平台定制的 ChatGPT 移动应用程序，如图 1-4 所示。该应用在美国 App Store 上线后，现已扩大至更广泛的区域供用户下载。

随后，专为 Android 用户设计的 ChatGPT 应用于 2023 年 7 月 25 日发布。Android 版本的 ChatGPT 目前已在 Google Play Store 的多个国家和地区上架，如图 1-5 所示，目前在阿根廷、孟加拉国、巴西、加拿大、法国、德国、印度、印度尼西亚、爱尔兰、日本、墨西哥、尼日利亚、菲律宾、韩国、英国及美国等国家的用户均可下载。

5. 面向软件开发者的 API 支持

OpenAI 于 2023 年 3 月针对其 ChatGPT 和 Whisper 模型推出了应用程序编程接口(API)，提供了强有力的支持以助力软件开发者将先进的人工智能语言处理与语音识别技术集成到他们的应用中。依托于 GPT3.5-turbo 模型，这些 API 以每 1000 符号单位

(Token)仅0.002美元的实惠价格提供服务,使其成本仅为之前的GPT模型的十分之一,大幅降低了开发者在AI领域的投入门槛。

图 1-4 ChatGPT App Store 页面

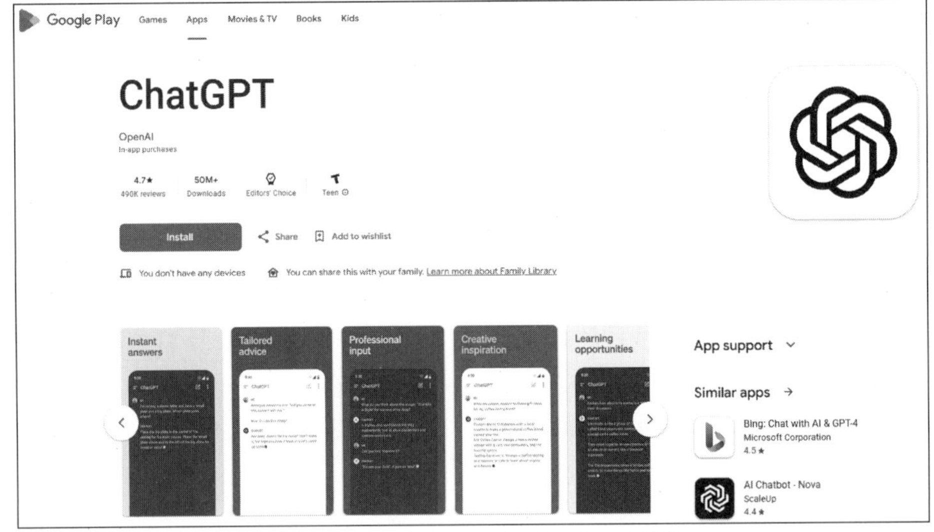

图 1-5 ChatGPT Google Play Store 页面

1.3 ChatGPT 相关社区和论坛

在深入探索和应用 ChatGPT 时，参与相应的社区和论坛成为获取支持、交流心得及与他人互动的重要途径。加入这些圈子，不仅有助于学习高效运用 ChatGPT，解答使用过程中的疑难杂症，还可与世界各地对 ChatGPT 同样热衷的人们结缘。成员们在社区里互帮互助，共享创新案例，探讨最新人工智能的发展趋势，协力推进 ChatGPT 技术的创新边际。通过参与相关的论坛和讨论组，可以实时掌握 ChatGPT 的最新更新、功能拓展和最佳应用做法，同时也能加深对人工智能多样应用场景的认识。用户的反馈与交流，为 ChatGPT 的持续改良与优化奠定了基础。可以说，社区是分享知识、技术升华、创新思维交锋的不可或缺的场所。本节接下来将介绍 4 个这样的平台。

1.3.1 ChatGPT 中文社区

对于使用中文的 ChatGPT 用户来讲，ChatGPT 中文社区提供了一个专门的平台，可以在这里进行各种相关讨论和知识分享。用户可以交流 ChatGPT 的使用技巧、插件工具，以及其他相关的经验和信息。例如，社区中介绍了一个叫作 Voice Control for ChatGPT 的浏览器插件。这个插件使用户能够通过语音命令与 ChatGPT 进行互动，它支持多种语言，包括中文和英文。

如果你对该社区感兴趣，或者希望学习更多关于 ChatGPT 的使用方法，则可以通过访问 ChatGPT 中文社区官方网站（https://chinagpt.io/）来获得更多资源和工具。该网站是获取 ChatGPT 相关信息的宝贵资源库，如图 1-6 所示。

1.3.2 OpenAI ChatGPT 社区

OpenAI ChatGPT 社区是一个聚集了开发者和技术爱好者的论坛，专注于推进 OpenAI 相关技术的发展，并分享最新的技术进展和应用示例。社区成员可以畅谈关于 ChatGPT 的各种话题，交流使用心得，解决开发问题，探索 ChatGPT 的更新特性和多样化应用。

这个社区不仅是一个技术讨论的高地，还提供如何更加高效地利用 ChatGPT 的策略、分享创新的实践案例和 ChatGPT 与其他工具及服务整合使用的信息。它致力于打造一个知识分享、相互协作的生态环境。

对于那些对 OpenAI ChatGPT 社区感兴趣的人，可访问它的官方网站（https://openaiok.com/），如图 1-7 所示。

在这里，不仅可以加入关于 ChatGPT 的深入讨论中，还能与 OpenAI 生态系统下的其他研究与应用保持同步。

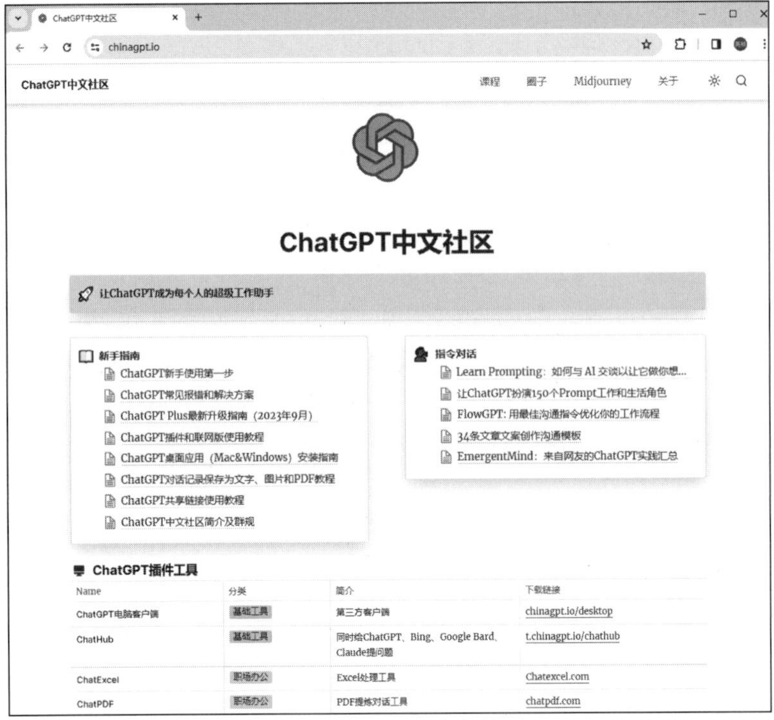

图 1-6　ChatGPT 中文社区

图 1-7　OpenAI ChatGPT 社区

1.3.3　ChatGPT 深海论坛

ChatGPT 深海论坛是一个专注于 OpenAI 旗下 ChatGPT 技术的专业论坛，聚集了众多热衷于此的专业开发者和技术爱好者。成员们在这里分享 ChatGPT 的应用经验，共同解决实践中的难题，并提供多样化的使用案例和技术进步分享。

在深海论坛，可以深入讨论关于 ChatGPT 的技术集成、优化方法，以及在不同领域中 ChatGPT 的创新应用，是一个内容丰富、信息量大的社区资源池。对于那些希望进一步探究和了解 ChatGPT 技术的人来讲，这里是一个不可多得的社区。

如果您有兴趣成为 ChatGPT 深海论坛的一员，可以访问它的官方网站（https://gptocean.com/），在这里可以加入关于 ChatGPT 及人工智能领域的精彩讨论，还有机会与其他志趣相投的朋友进行交流合作。深海论坛是旨在为大家提供一个分享知识、观点及创意的平台，共同促进 ChatGPT 技术的发展，如图 1-8 所示。

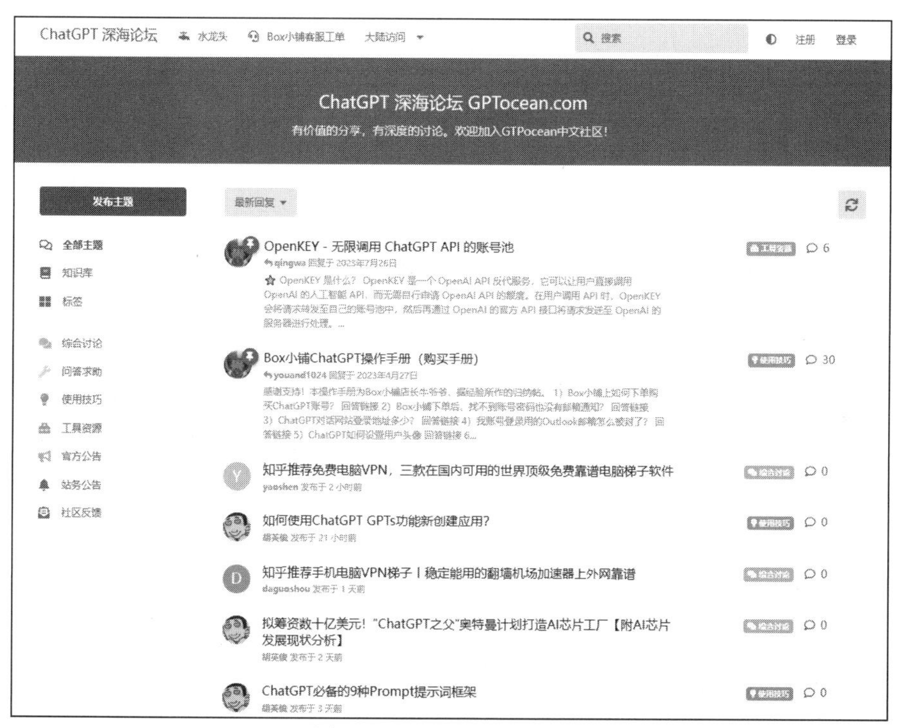

图 1-8　ChatGPT 深海论坛

1.3.4　OpenAI 开发者论坛

ChatGPT 论坛是一个专门聚焦于 OpenAI 下 ChatGPT 技术的专业论坛。这个论坛汇聚了众多专业开发者和技术爱好者，他们共同探讨 ChatGPT 的无限可能性，交流技术更新，解答在实际部署与应用过程中遇到的难题，并分享独特的应用实例和经验。

在这个平台上，可以发现有关 ChatGPT 集成、优化的深度讨论，以及该技术在各行各业及不同环境下的创新应用。它是一个信息海量的资源库，对想要深入研究 ChatGPT 的人士来讲是一个极具价值的社区资源。

如果有兴趣深入 ChatGPT 论坛的世界，可以直接访问官方网站(https://community.openai.com/tag/chatgpt)，在这里你将能够参与关于 ChatGPT 及人工智能的热情讨论，并且与同行业的专家展开合作与交流。论坛为大家提供了一个分享知识、见解和创意想法的平台，致力于共同推进 ChatGPT 技术的进步和广泛应用，如图 1-9 所示。

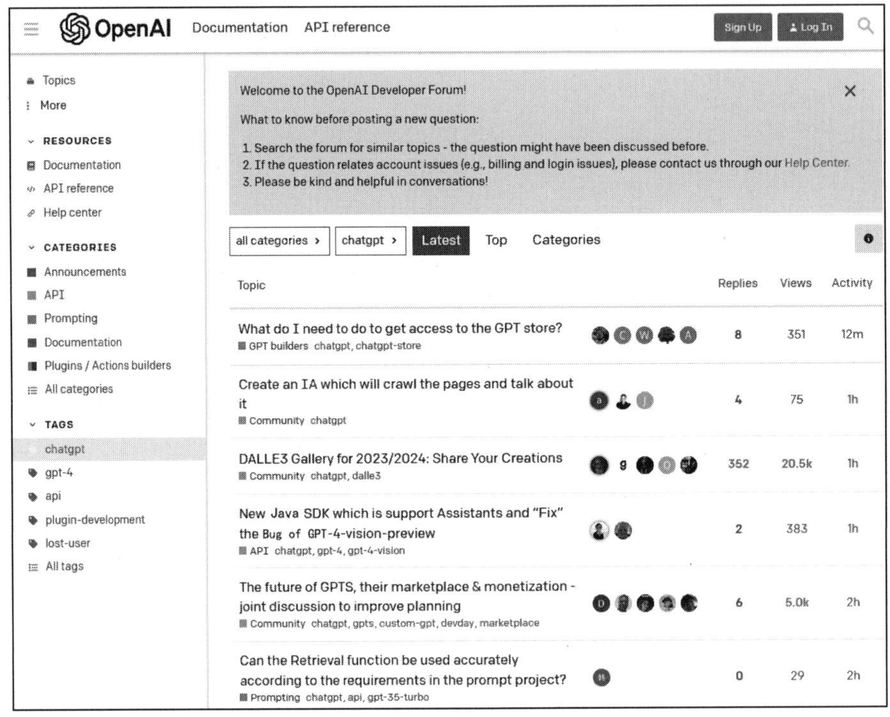

图 1-9 OpenAI 开发者论坛

1.4 ChatGPT 应用领域

ChatGPT 作为一种革命性的对话式人工智能聊天工具，它的潜力远远超出了单一场景的应用。本节将介绍 ChatGPT 在不同领域中的应用。

1.4.1 教育辅助

ChatGPT 在教育领域的应用迅速普及，其个性化辅助功能正在为教育者和学生提供更为丰富的学习体验，并不断优化教学流程。具体表现在以下几方面。

1. 个性化学习体验

ChatGPT 能够根据学生的学习进度和理解水平，提供定制化的学习建议和资源。与传统的“一刀切”教学方法不同，它通过对话了解学生的需求，为每位学生提供更加个性化的辅导，从而提升学习效果。

2. 即时教学反馈

在学习过程中，获得及时的反馈对学生至关重要。ChatGPT 可以帮助教师在学生提交答卷后立即提供反馈，使学生能够快速理解自己的错误并进行改正，从而巩固学习效果。这种实时反馈机制有助于提高学生对知识的理解和掌握。

3. 多语言学习支持

多语言的学习环境能够帮助学生扩展视野，而 ChatGPT 的多语言互动支持使学生能够在学习新语言的同时，通过与 ChatGPT 的对话实践使用该语言进行交流。

4. 知识点巩固

通过模拟对话，ChatGPT 与学生进行互动式学习。在对话过程中，ChatGPT 可以引导学生复习关键知识点，同时通过提问的形式检验学生对某个话题的掌握程度，从而巩固学习成果。

5. 作业和论文辅助

在学生完成作业和撰写论文时，ChatGPT 成为有力的助手，提供构思和写作的辅助。它不仅能帮助学生克服写作障碍，还能提供建设性的修改建议，引导学生厘清思路，提升写作水平。这种实时反馈和指导有助于学生更高效地完成学术任务。

6. 语言模仿与练习

语言学习者可以通过与 ChatGPT 进行互动练习模仿对话情景，从而提升语言运用能力。ChatGPT 的应答不仅流畅自然，而且可以引导正确的发音和语法使用，为语言学习者提供有趣而有效的语言实践机会。

7. 资源链接推荐

ChatGPT 还能根据学生的学习需求，智能地推荐相应的学习资源链接，如教学视频、学术文章、在线课程等，助力学生拓展学习渠道和深化知识掌握。这种个性化的资源推荐有助于学生更有针对性地获取所需信息，提升学习效果。

整体而言，ChatGPT 作为教育辅助工具，不仅优化了学习方法，提高了教学效率，还增加了学习过程的互动性和趣味性，有助于激发学生的学习热情和创造力。随着技术的进一步完善，未来 ChatGPT 在教育领域的应用将更加广泛，能够更好地满足教育个性化和高效性的需求，为学生和教师提供更丰富、更灵活的学习与教学体验。

1.4.2 编程辅导

在编程领域，ChatGPT 担当起了教练和助手的角色，为程序员的职业生涯提供强大的支持和加速他们的学习过程，具体表现如下。

1. 代码编写辅助

ChatGPT 作为编程的得力助手，能够为程序员生成代码段落，作为初始点或参考，尤其在面对常见的编程模式时能发挥重要作用。这不仅提高了编码的效率，还有助于降低入门门槛，使初学者更快地适应编程环境。

2. 代码审查与优化

程序员可借助 ChatGPT 进行代码审查，提升代码质量。ChatGPT 基于最佳实践检查代码风格、潜在错误和性能问题，并提供改进建议，从而提高代码的健壮性和可读性。

3. 问题诊断和解决

在面对编程难题时，程序员可向 ChatGPT 描述问题，ChatGPT 将基于问题的复杂性提供解决策略或直接提供解决方案。这能显著地加快解决问题的流程，并帮助开发者更好地理解问题的本质。

4. 学习新编程语言

ChatGPT 支持多种编程语言，可作为学习新语言的辅导工具。无论是讲解基础语法还是掌握高级概念，ChatGPT 都能够提供一对一的指导。

5. 实时互动学习

程序员可以通过与 ChatGPT 的实时互动来学习新技能和概念。这种及时反馈的学习方式远比阅读文档或观看教程更加有效，能够快速帮助程序员克服学习障碍。

6. 编程资源的导航

对于需要深入学习特定技术或工具的程序员，ChatGPT 可以指引他们获得相关的文档、教程或前往相关社区，以便获取详细信息和帮助。这为程序员提供了便捷的导航方式，有助于他们更快地掌握所需的编程知识和技能。

ChatGPT 在编程辅导方面的应用极大地促进了个人和团队的生产力。它不仅可以填补教育资源的空白，还可以为各种水平的程序员提供即时、个性化的支持。随着技术的不断迭代，未来 ChatGPT 在编程辅导方面的作用将变得更加重要和普遍，为编程学习和开发过程提供更为高效、智能的助力。

1.4.3 技术支持

ChatGPT 可以在技术支持方面提供帮助，无论用户面对的是软件使用的挑战还是硬件设备的问题。以下是 ChatGPT 提供技术支持的一些方式。

1. 故障排除指导

ChatGPT 能够协助用户通过一系列有逻辑的步骤诊断和解决技术问题，如计算机不启动、软件崩溃或网络连接问题等。

2. 软件使用帮助

ChatGPT 提供对常用软件应用的功能解释和操作指南，助力用户提高工作效率和软件使用体验。

3. 硬件设备建议

ChatGPT 向用户提供关于如何选择、维护或升级硬件设备的建议，包括但不限于笔记本电脑、智能手机或外部硬盘等。

4. 安全性建议

ChatGPT 为用户提供网络安全和个人数据保护方面的建议，以防止恶意软件入侵和数据泄露。

5. 性能优化技巧

ChatGPT 提供技术建议，帮助用户优化设备性能，如清理不必要的文件、优化系统设置或升级硬件。

6. 资源链接共享

ChatGPT 推荐可靠的技术支持资源，如论坛、官方帮助文档或视频教程，以帮助用户获得更多的支持和信息。

7. 最新技术动向介绍

ChatGPT 为用户介绍最新的技术产品和发展趋势，帮助他们了解可能影响其技术选择的创新。

8. 兼容性和集成建议

ChatGPT 在用户尝试将不同的设备或应用整合到一起工作时提供建议，以确保它们能够顺畅地协同工作。

ChatGPT 在为用户提供技术支持时，旨在确保问题得到有效解决的同时，也鼓励用户学习如何处理技术问题，以增强他们的技能和自信。尽管 ChatGPT 提供的信息非常有用，但在复杂的硬件维修或专业软件支持方面，它无法替代专业技术人员，因此，在遇到需要专门技能处理的技术问题时，用户应当咨询具备相应资质的专家。

1.4.4 语言翻译

ChatGPT 在语言翻译上发挥着重要的作用，尤其在当今全球化的背景下，它成为一个强大的工具，帮助人们跨越语言障碍进行沟通，其具体表现如下。

1. 口语翻译

用户可通过口语输入，请求 ChatGPT 将所说的话翻译成另一种语言。这项服务对于旅行者或需要与非本族语者沟通的人来讲非常实用。

2. 文本翻译

ChatGPT 还可以进行文本翻译，无论是个人信函、商业文件还是学术文章都能提供准确的翻译服务。这有助于消除语言障碍，促进跨文化交流。

3. 实时对话翻译

在实时对话中，ChatGPT 可以充当翻译者的角色，帮助不同语言的用户进行即时沟通。这对于双方都不懂对方语言的情境尤为重要。

4. 语言学习辅助

除了翻译，ChatGPT 还能辅助语言学习。它可以提供语言练习、矫正发音、解释语法规则等功能，帮助用户提高语言能力。

5. 文化差异和表达习惯的考量

ChatGPT 在翻译时不仅会考虑语言的直接意义转换，还会考虑到文化差异和地区表达习惯，以确保翻译的质量和准确性。

6. 双向翻译和多语种支持

ChatGPT 支持双向翻译及多个语种之间的相互翻译，使不同文化背景的用户都能够方便地使用这一服务。这有助于促进全球交流，拓宽跨文化交际的可能性。

通过这些翻译功能可以看出，ChatGPT 不仅是一款能够进行简单翻译的工具，它的目标是提供一种能够理解上下文，准确传达原意的翻译体验。随着技术的发展和数据的积累，翻译的质量和流畅度将越来越高，使用户体验更为优质。这不仅有助于促进全球间的无障碍交流，还为语言学习者提供了一个强大的辅助工具，帮助他们更轻松地掌握多语言沟通的技能。未来，随着 ChatGPT 的不断升级，其语言翻译功能将更加智能和精准，满足用户在不同语境下的多样化翻译需求。

1.4.5 创意脑力激荡

ChatGPT 能够在创意生成和概念开发方面扮演重要角色，它可以作为用户的脑力激荡伙伴，帮助激发新想法或解决问题。这遵循如下的流程或方法。

1. 启发式提问

通过提出开放式问题，激励用户思考问题的不同方面或从未尝试过的途径，从而引发新的创意思维和视角。

2. 生成各种想法

不受限地提出多种可能的解决方案或创意想法，促进用户的思维拓展和创造力发挥，帮助他们突破思维局限。

3. 角色扮演

模拟不同用户或利益相关者的视角，以更全面地考量问题和提出解决方案，从而推动用户深入思考和挖掘潜在的创新点。

4. 联合文学和艺术

引用文学作品、艺术或流行文化中的元素，为用户提供新的联想和创意灵感，促使他们从不同领域汲取灵感，创造更为独特的创意。

5. 类比和隐喻

运用类比或隐喻将一个领域的想法应用到另一个领域，以产生创新的连接和洞见，帮助用户建立更富创意性的思维框架。

6. 情境模拟

通过构建假定的情景，让用户在这个虚拟环境中探索和测试他们的想法，激发出更富创意性的解决方案。

7. 逆向思维

从问题的反面着手，探索问题如果不被解决会怎样，或者创意如果被颠倒会如何，通常能启发新的思路，推动用户跳脱传统思考模式。

8. 直觉引导

鼓励用户听从直觉和内在感受认识到直观的“闪念”也是非常有价值的创意来源，促使他们更加敏锐地捕捉和利用创造性的灵感。

ChatGPT 在脑力激荡过程中提供多角度的见解和建议，始终保持开放性，鼓励用户保持创造性思维，并在此基础上形成自己独特的想法。通过这种互动的方式，不仅能解决具体问题，还能培养用户的创新意识和实践能力，是一种既寓教于乐又能够激发潜能的过程。

1.4.6 生活管理

ChatGPT 可以起到便利用户日常生活管理的作用，让生活更加有序并节省时间。它可以通过以下方式帮助用户。

1. 购物建议

ChatGPT 能够帮助用户制定购物清单并提供有效的管理建议，包括如何根据当前的促销信息或个人购物习惯来合理规划开销。通过智能购物建议，用户可以更加高效地购物，实现经济节约和满足个性需求。

2. 日程提醒

在日常生活中，ChatGPT 能够协助用户设定和管理日程计划，并提供及时的提醒服务，涵盖会议安排、医生预约、亲友生日等方面。通过这一功能，用户可以更加有效地组织生活，不再错过重要的事件和约会。

3. 任务列表创建与维护

通过与用户协作，ChatGPT 支持创建任务列表，以确保所有重要的活动和任务得到充分记载和跟踪。这项功能可以帮助用户更好地组织自己的日常工作和生活，提高效率并避免遗漏重要事项。

4. 生活小贴士

ChatGPT 分享生活中的小窍门，包括如何迅速做完家务、有效节省能源，以及提供健康饮食的建议。这些贴士旨在帮助用户更轻松地应对日常生活挑战，提高生活质量。

5. 重要事件记录

ChatGPT 协助用户记录关键信息，如保修到期、账单付款日期或其他重要事项。通过提供及时的提醒和管理建议，帮助用户更好地组织和安排重要的生活事件。

6. 健康与健身规划

ChatGPT 提供建议和资源，帮助用户制定并达成健康及健身目标。这可能包括推荐适合个人需求的运动计划，以及提供预算友好的健康饮食建议，旨在支持用户在健康生活方面做出积极的选择。

7. 旅游规划辅助

ChatGPT 在协助用户规划旅行方面提供全方位的帮助。它不仅能给出目的地选择的建议，还能提供详细的打包清单，确保旅行时不会漏掉重要物品。此外，ChatGPT 还可以协助用户规划旅行预算，提供经济实惠的交通和住宿建议，以确保旅途愉快而经济合理。

8. 个人成长与学习资源推荐

ChatGPT 通过推荐书籍、在线课程及学习新技能的应用工具，助力用户在个人发展和终身学习方面取得成功。这包括提供有针对性的建议，帮助用户不断地扩展知识领域，培养技能，促进个人和职业发展。

ChatGPT 在协助生活管理时虽然能够提供许多有用的建议和信息，但它并不具备实时闹钟或直接与用户的日历应用交互的功能，因此，用户需要结合使用其他工具和应用，如手机日历提醒功能或专门的任务管理应用，以此来确保日程和任务得到实时追踪和执行。这样，ChatGPT 就能起到一个助手的作用，辅助用户更好地规划和管理日常生活。

1.4.7 心理支持

ChatGPT 在提供情绪支持和心理建议方面也扮演着积极的角色。下面是 ChatGPT 在心理支持方面的一些应用。

1. 情绪支持

ChatGPT 为用户提供了一个安全的空间，让他们能够自由地表达情感和思绪。在面对日常生活中的压力和挑战时，有时仅仅通过倾诉就能够获得相当大的心理缓解。ChatGPT 通过聆听和回应，不仅提供情感支持，还能启发积极的思考和自我认知，帮助用户更好地理解和处理内心的情感。

2. 压力和焦虑管理

当用户面临压力和焦虑时，ChatGPT 通过积极的对话和专业建议帮助缓解情绪。它可以提供各种应对策略，包括放松技巧、呼吸练习、正念冥想等方法，以帮助用户在压力情境中找到平衡和放松，促进心理健康的提升。ChatGPT 的支持不仅是提供解决方案，还能陪伴用户共度情感难关，通过有效的心理管理方法帮助用户应对生活中的挑战。

3. 自我反思与认知重塑

ChatGPT 引导用户进行自我反思，帮助他们识别压力源头，并提供认知重塑的策略，以促进更加积极的思考方式。通过深入探讨个体的思维模式和观念，ChatGPT 能够启发用户认识到负面思维的影响，并提供积极的观念重建方法。这种自我认知的提升有助于用户更好地理解自己的情绪和应对方式，从而更有效地面对生活中的各种挑战。

4. 生活调适策略

ChatGPT 提供建议，帮助用户在生活中找到平衡，包括调整日常作息、探索兴趣爱好、改善人际关系等方面。通过深入了解用户的个体需求和目标，ChatGPT 可以提供个性化的生活调适建议，以促使用户更好地适应和管理生活中的变化和压力。这些建议旨在帮助用户建立积极的生活习惯和应对策略，提高生活质量并增进心理健康。

5. 资源链接

ChatGPT 还能提供相关的心理健康资源链接，包括自我帮助指南、在线心理咨询服务，以及寻找当地专业心理咨询的信息。这些链接旨在为用户提供额外的支持和信息，帮助他们更全面地了解和管理心理健康。

6. 危机干预

在用户遇到紧急情况或心理危机时，ChatGPT 可以提供紧急联系信息，并强烈鼓励用户寻求专业的帮助。ChatGPT 不是专业心理医生，因此在紧急情况下，专业的心理卫生服务是至关重要的。提供危机干预信息有助于用户及时获取适当的支持，确保他们能够面对挑战并获得及时的帮助。

尽管 ChatGPT 能够在情感支持方面提供辅助，但它不能代替专业的心理咨询。在处理严重的心理健康问题时，应该鼓励用户寻求专业的心理健康服务。通过人工智能和专业服务相结合，ChatGPT 能够有助于构建一个更有支持性和更有益的心理健康环境。

1.4.8 健康咨询

ChatGPT 在健康咨询领域的应用是提供了一个低成本且易于访问的信息支持渠道，尤其对于那些需要快速获得基础医疗指导的人来讲格外有用，具体表现如下。

1. 基本健康问题解答

ChatGPT 能够回答公众的基础健康疑问，包括症状解释、疾病信息、营养建议等。聊天机器人通过快速提供这些信息，使用户能够在简单问题上无须等待即可获得满意的回答。

2. 初步健康建议

在了解用户的具体情况后，ChatGPT 可以根据其数据库和编程算法提供一些初步的健康建议。尽管这些建议不能替代专业医疗意见，但可以为用户提供一个参考方向，帮助他们决定是否需要寻求更专业的帮助。

3. 健康信息教育

ChatGPT 还可以用于普及健康知识，增加人们对特定健康状况、预防保健措施和健康生活方式的理解和认识。通过提供相关信息和解释，ChatGPT 有助于提高公众对健康领域的认知水平。

4. 指引资源和专家推荐

如果用户需要更专业的健康服务或信息，ChatGPT 则可以提供相关的资源链接和专家推荐，确保用户能找到可靠的医疗服务机构和专家。这有助于用户获取更全面的医疗支持，尤其是在需要进一步咨询和治疗的情况下。

5. 追踪和提醒功能

ChatGPT 可以辅助用户建立健康监测的习惯，如提醒服药，提示定期检查等，帮助用户更好地管理个人健康。通过这种方式，ChatGPT 成为用户的健康伙伴，提供定制化的健康管理支持。

6. 支持非紧急情况下的决策

在非紧急医疗情况下，ChatGPT能够为用户提供决策支持，帮助他们判断何时需要看医生，何时可以自我管理。这种辅助决策的功能有助于用户更加明智地处理日常健康问题，提高自我护理的效果。

需要强调的是，ChatGPT提供的都是基于现有信息和程序算法的建议，它无法替代专业医疗人员的诊断和治疗。在使用ChatGPT进行健康咨询时，用户应当明确这一点，并在必要时寻求专业医疗意见。随着算法的不断完善，未来ChatGPT可能会提供更加精准和详尽的健康咨询服务。使用ChatGPT作为健康辅助工具时，用户需保持理性，并在面对严重健康问题时及时咨询专业医生。

1.4.9 娱乐互动

ChatGPT在娱乐领域提供的个性化互动体验，不仅丰富了人们的闲暇生活，还增加了社交媒体和互联网平台的互动性，具体表现如下。

1. 趣味对话体验

用户可以通过与ChatGPT进行趣味对话来放松心情。这种对话体验涵盖广泛话题，从日常闲聊到特定兴趣点都能为用户带来乐趣。ChatGPT的开放性和灵活性使其能够提供个性化、有趣且引人入胜的对话体验，让用户在与ChatGPT交流的过程中享受轻松愉快的时光。

2. 游戏和娱乐建议

ChatGPT能够根据用户的兴趣和喜好，提供各种游戏和娱乐活动的建议，包括电子游戏、电影、音乐等。这种个性化的建议帮助用户发现新的娱乐选择，丰富日常休闲生活。

3. 创意故事和笑话

ChatGPT具备创作独特故事情节和分享幽默笑话的能力，为用户提供欢笑和轻松的时刻，促进愉快的娱乐体验。这种创意性的互动使用户可以在娱乐互动中体验到更加丰富的趣味和乐趣。

4. 音乐和电影推荐

ChatGPT根据用户的音乐口味和电影偏好，能够提供个性化的推荐，让用户发现并享受更多优秀的音乐作品和电影。这种个性化的推荐服务旨在满足用户的独特品位，为其提供更加丰富和有趣的娱乐体验。

5. 社交互动

在社交互动方面，ChatGPT可以积极参与用户的社交场景，回答问题、分享见解，为用户提供一个与人工智能进行有趣而有意义对话的平台。这种社交互动不仅能增加用户的娱乐体验，还可以为用户提供有益的信息和建议，促进知识分享和交流。

6. 智能问答游戏

通过智能问答游戏，用户可以挑战自己的知识水平，享受有趣的问答互动，从而提高学习的趣味性。这种形式的娱乐不仅让用户在游戏中获得乐趣，还能促进知识的积累和提升学习的动力。

7. 语言学习游戏

通过设计语言学习游戏，ChatGPT 可以帮助用户轻松愉快地提升语言技能，从而促进学习的趣味性和有效性。这种交互式的学习方式不仅使语言学习变得更具吸引力，还提供了实际应用和实践语言技能的机会。

这些娱乐互动功能使 ChatGPT 成为一个多才多艺、充满趣味的休闲伙伴，为用户提供个性化、富有创意的娱乐体验。ChatGPT 通过多样的互动方式，从趣味对话到智能问答游戏，再到语言学习游戏，致力于为用户打造有趣而丰富的娱乐生活。

1.4.10 旅游规划

ChatGPT 作为一个智能的旅行助手，极大地简化了旅游筹划的过程，为旅行者提供了定制化的旅行规划服务，具体表现如下。

1. 旅行建议与个性化推荐

ChatGPT 根据用户的兴趣和偏好，提供独特的目的地选择建议。这包括观光地标、文化活动、美食体验等方面的推荐，旨在帮助用户发现全新的旅行灵感。ChatGPT 还可以根据用户的喜好和偏好，推荐与其兴趣相符的目的地，从而打造一次个性化而难忘的旅行体验。

2. 行程定制与优化

ChatGPT 具备制订详细行程计划的能力，可为用户提供个性化的旅行日程。通过优化出行日程，并随时根据实际情况进行调整，确保用户的旅程更加顺畅和令人满意。ChatGPT 在提供行程建议的同时，还会考虑用户的时间、兴趣和偏好，以确保其旅途体验达到最佳状态。

3. 实时信息服务

为了让旅行更加轻松，ChatGPT 提供实时信息服务，包括天气预报、交通状态、本地活动等方面的信息。用户可以随时获取最新信息，以应对旅途中可能出现的变化和需求。这使用户能够更好地计划行程，确保在旅行过程中始终保持对周边环境的了解。

4. 酒店和餐厅预订

ChatGPT 可以协助用户搜索并预订酒店或餐厅，提供价格比较和用户评价，使用户更容易做出选择。这项服务为用户提供了便捷的方式来安排住宿和用餐，同时能够根据用户的偏好和预算进行推荐，提升旅行体验的舒适度和满意度。

5. 旅游提示和当地文化解读

通过提供旅游小贴士（例如时差信息、穿着建议、安全提示等）和对当地文化的解读，ChatGPT 可使用户更好地融入目的地的环境。这些提示和解读有助于提高旅行的顺利性，并让用户更深入地体验和了解所到之处的文化和习惯。

6. 语言支持与沟通辅助

对于前往不同语言区域的旅行者，ChatGPT 可以提供简单的语言翻译支持，帮助用户跨越语言障碍,促进更顺畅的沟通。这项服务特别适用于用户需要与当地居民或服务人员进行基本沟通的情境,提高旅行的便利性。

7. 问题解答与应急支持

在遇到问题或紧急情况时,用户可以通过向 ChatGPT 提问获取支持。无论是寻求最近的医疗机构,还是了解紧急求助联系方式,ChatGPT 都能提供相关信息,帮助用户应对旅途中的各种意外情况。

ChatGPT 在旅游规划方面的应用为旅行者提供了便捷和个性化的服务。随着技术的不断进步和数据的积累,旅行助手类似 ChatGPT 的系统有望提供更为全面和精准的服务,为用户打造更愉快、更便利的旅行体验。这种技术的发展将进一步推动智能助手在旅游领域的应用,为用户提供更多定制化、贴心的服务。

1.4.11 法律咨询

ChatGPT 能够在法律咨询领域向用户提供帮助。例如,用户可能会有一些基本的法律问题或需要某些法律概念的解释,而 ChatGPT 可以提供有助于理解的相应信息。下面是 ChatGPT 在法律咨询领域的具体应用。

1. 法律概念解释

ChatGPT 致力于解释普通法律术语,如"合同违约""知识产权"或"民事诉讼"等,以协助用户更好地理解法律文档或专业讨论中涉及的术语。通过提供清晰而简明的解释,用户能够增进对法律概念的理解,使其更具法律素养。

2. 日常法律问题解答

当用户面临日常法律问题时,如房屋租赁、劳动法规、消费者权益保护等情况,ChatGPT 能够提供基本指南和有用的一般信息。通过解答常见问题,帮助用户更好地理解相关法规和权益,使其能够在日常生活中更自信地应对法律挑战。

3. 法律程序介绍

ChatGPT 可以向用户介绍不同类型的法律程序,例如,如何提交小额索赔,如何进行遗嘱认证,或者离婚程序的基本步骤等。通过清晰而简洁的解释,帮助用户了解各类法律程序的基本流程,使其在需要时能够更加理智地应对法律事务。

4. 案例法研究

ChatGPT 可以通过讨论公开已获得的法律案例,帮助用户理解法律原则是如何被应用和解释的。通过分析案例,用户可以更深入地了解法律条文在实际情境中的运用,从而更好地理解法律的适用范围和具体操作方式。

5. 法律资源推荐

ChatGPT 可以提供相关的法律资源推荐,包括在线法律数据库、免费法务咨询服务或寻找律师的工具和网站。这有助于用户更便捷地获取法律信息和专业帮助,提升其在法律事务中的知情度和决策能力。

6. 法律文档指导

ChatGPT 虽然不能直接起草法律文件，但可以帮助用户理解常见法律文件的结构和必要的内容，例如，租赁协议的一般条款等。

7. 风险提示

在涉及法律问题的讨论中，ChatGPT 可以提醒用户注意潜在的法律风险，并鼓励他们在做出决策之前咨询专业律师以获取更深入的法律建议。

ChatGPT 提供法律信息的目的是加强用户的理解和认识，但不能用于法律决策或取代专业法律意见。法律领域复杂多变，并且与地区法律和具体情况密切相关，因此在涉及具体法律事务时，用户应该咨询有资质的法律专业人士。通过初步地利用和构建问题框架，用户可以更高效地与专业律师进行交流和合作。

1.4.12 金融咨询

ChatGPT 可以在金融咨询方面为用户提供支持，包括解释金融概念，分析市场趋势，以及提供一般性金融建议。下面是一些具体的应用方式。

1. 基础金融知识教育

ChatGPT 可以回答关于基本金融知识的问题，帮助用户理解储蓄账户、投资账户、退休账户等金融产品的区别和用途。此外，ChatGPT 还可以解释金融概念，如利息、股息、贷款利率等，以帮助用户建立起扎实的金融基础知识。

2. 市场数据解读

虽然 ChatGPT 不直接进行股票交易或投资推荐，但它可以帮助用户了解当前市场的一般趋势和数据的含义。ChatGPT 能够解释市场指数的变化、经济数据的发布及它们可能对投资组合产生的影响，从而使用户能够更为全面地了解市场动态，有助于他们做出更为信息化的决策。

3. 投资策略分析

用户可以与 ChatGPT 讨论各种不同的投资策略，例如价值投资与增长投资的区别，长期投资与短线交易的利弊等。ChatGPT 能够解释这些策略的特点、优势和风险，帮助用户更好地了解并选择适合自己的投资方法。

4. 预算规划和财务管理

ChatGPT 可以协助用户创建个人或家庭的预算计划，提供节省开支的建议，并分享如何有效地管理日常财务的技巧。通过与 ChatGPT 的交流，用户可以获得关于支出优化、债务管理和储蓄目标设定等方面的实用建议，从而更好地掌控财务状况。

5. 风险评估与管理

ChatGPT 可以帮助用户理解金融风险，包括投资中可能面临的各种风险因素及不同金融产品的风险程度。此外，ChatGPT 还能提供关于如何适当地进行风险管理和分散投资的建议，帮助用户在投资过程中降低潜在的风险。

6. 理财工具和资源推荐

ChatGPT 可以向用户推荐一些有用的在线工具、应用程序或资源，帮助他们更好地进行个人财务管理和投资分析。这些工具包括预算软件、投资组合跟踪工具、理财应用等。ChatGPT 可以根据用户的需求和偏好推荐适合的工具，以帮助他们更有效地管理财务和制定投资策略。

7. 经济新闻解读

ChatGPT 可以提供对当前经济事件和新闻的解读，帮助用户理解这些事件对市场和个人财务可能产生的影响。通过分析和解释经济新闻，ChatGPT 可以帮助用户更好地了解当前经济形势、市场趋势及可能的投资机会和风险。这有助于用户做出更为明智的财务决策和投资选择。

8. 个税和退休规划

ChatGPT 可以提供有关个人所得税问题的一般信息，并帮助用户了解退休规划的各方面。ChatGPT 可以解释不同类型的税收、税务规定及退休账户选项，帮助用户了解如何最大化税收优惠，并为退休生活做好充分准备。此外，ChatGPT 还可以就个人退休计划的制定和执行提供一般性建议，以帮助用户在退休规划方面做出明智的决策。

同样需要注意的是，ChatGPT 提供的是一般性建议和信息，它并非取代专业金融顾问或税务专家的服务。在做出重要的金融决策时，用户应考虑咨询具备相应资格的专业人士。通过 ChatGPT 提供的信息，用户可以拥有更好的认知和准备，以期在专业咨询的基础上，做出更明智的决策，因此，ChatGPT 的角色在于辅助用户理解和准备，而非替代专业咨询。

1.4.13 客户服务支持

ChatGPT 的应用在客户服务领域开辟了新的可能性。企业可以通过以下几方面来使用 ChatGPT 改善客户体验，提升服务效率。

1. 全天候响应能力

ChatGPT 可以实现全天候在线，确保无论客户何时接触品牌都能获得及时的响应。这种不间断的服务解决了地理位置和时区差异带来的限制，增强了客户满意度。通过提供全天候响应，ChatGPT 能够满足客户的即时需求，提高品牌在客户心中的可靠性和可访问性。

2. 常见问题快速解答

对于经常遇到的问题，ChatGPT 通过训练掌握了各种预设的解决方案。它可以迅速从知识库中检索答案，为客户提供准确的信息，极大地提升了解答效率。这种快速解答能力使客户能够快速解决问题，提高了客户满意度和体验。

3. 交互式问题处理

ChatGPT 通过对话形式与客户进行互动，逐步引导他们描述问题，并根据对话内容智能地提出解决方案，使客户服务过程更加流畅和人性化。这种交互式处理方式不仅使客户感受到个性化的关怀，还能更准确地理解客户需求，从而提供更精准的解决方案。

4. 个性化建议

通过分析客户的历史交互记录，ChatGPT 可以提供定制化的建议和服务。这种个性化体验使客户感到被重视，同时也提高了解决问题的准确性。ChatGPT 能够根据客户的偏好、需求和历史行为为其提供与其个人情况相关的建议，从而增强客户的满意度和忠诚度。

5. 费用效率的提升

ChatGPT 可以帮助企业减少对大量客户服务代表的依赖，从而显著地降低在客户服务领域的人力成本。通过自动处理常见的查询，ChatGPT 可以快速解决一些常见问题，使员工可以将精力集中在更加复杂和需要人工处理的问题上，从而提高服务效率和客户体验。

6. 持续学习改进

随着与客户的不断互动，ChatGPT 会持续学习并优化其对话模型。这使它能够逐步提高回答的质量，并对新出现的问题给出更准确的解答。通过不断学习和改进，ChatGPT 可以更好地满足客户的需求，提高解决问题的效率和准确性，进而增强客户与企业之间的关系。

通过整合 ChatGPT，企业能够实现客户服务的自动化和智能化，不仅提升了客户满意度，也提高了操作效率，还兼顾了品牌口碑与成本控制。随着 ChatGPT 技术的不断发展，其在未来的客户服务领域的应用将更加广泛和深入。ChatGPT 的智能化解决方案不仅可以快速响应客户的查询和需求，还能够通过个性化建议、自动化处理常见问题等功能提供更加个性化、高效的服务。这种技术的应用不仅能提高客户的满意度和忠诚度，还能为企业节省人力资源和成本，为客户服务领域带来更大的发展潜力。

通过这些应用实例，可以看到 ChatGPT 在提高工作效率、辅助学习、增加便利性和娱乐性等方面展现出的巨大潜力。随着技术的不断进步，ChatGPT 的应用场景还将继续延伸，深化其在日常生活和各行各业中的影响。它不仅可以为企业提供更智能、更高效的客户服务，还能为用户带来更便捷的信息获取和交流方式，为人们未来的工作、学习和娱乐带来更多可能性。

第 2 章 ChatGPT 入门指南

本章介绍 ChatGPT 注册及使用的方法。

2.1 ChatGPT 注册

在使用 ChatGPT 之前，需要创建一个账户并登录。这个步骤可以确保用户的身份和访问权限，同时提供个性化的设置和体验，下面是创建账户与登录的步骤。

(1) 登录 ChatGPT 官网，如图 2-1 所示。

图 2-1 ChatGPT 官网

(2) 单击 Sign up 按钮跳转到注册界面，输入注册邮箱和密码进行注册，如图 2-2 和图 2-3 所示。

(3) 单击"继续"按钮，发送验证邮件，如图 2-4 所示。

(4) 登录注册邮箱查看验证邮件，如图 2-5 所示。

(5) 单击 Verify email address 按钮完成邮件验证，如图 2-6 所示。

图 2-2 输入注册邮箱

图 2-3 输入注册密码

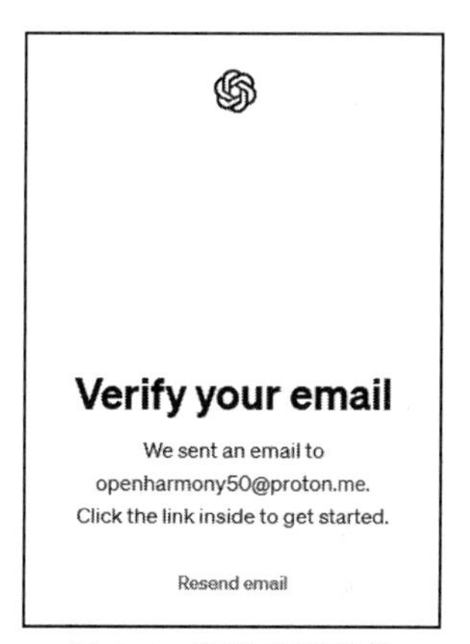

图 2-4 发送验证邮件

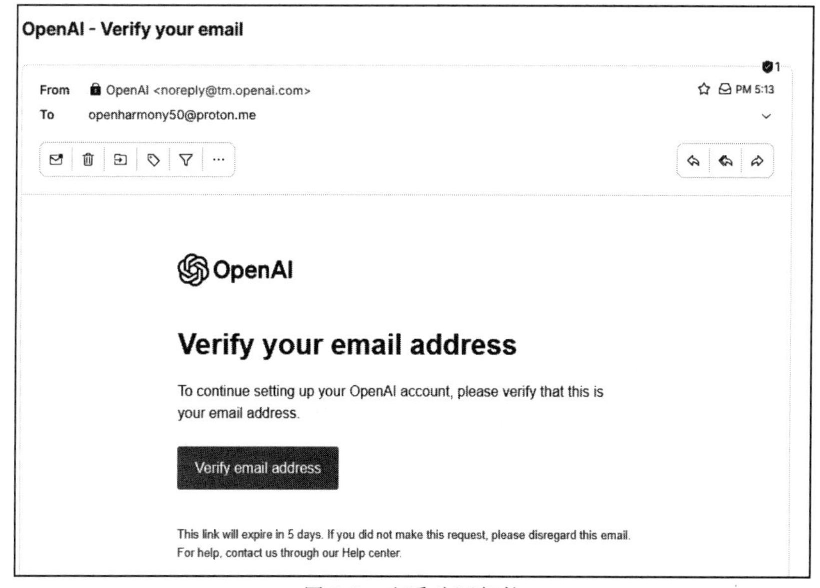

图 2-5 查看验证邮件

（6）确认验证，完成账号注册，如图 2-7 所示。

图 2-6　完成邮件验证

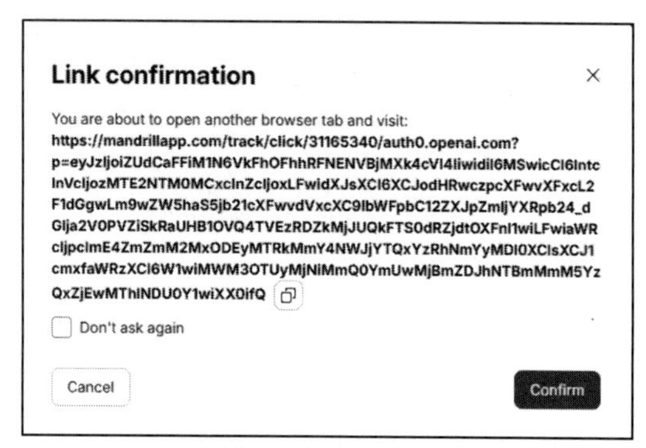

图 2-7　确认验证

（7）输入用户信息和生日，建议设置年龄大于18周岁，确保年龄满足平台要求，如图2-8所示。

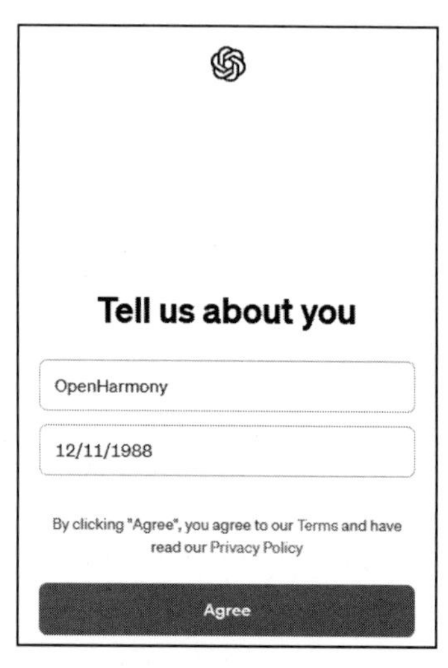

图 2-8　输入用户信息和生日

(8) 完成用户非机器人验证,如图 2-9 所示。

图 2-9 用户非机器人验证

(9) 验证通过,进入 ChatGPT 聊天页面,如图 2-10 所示。

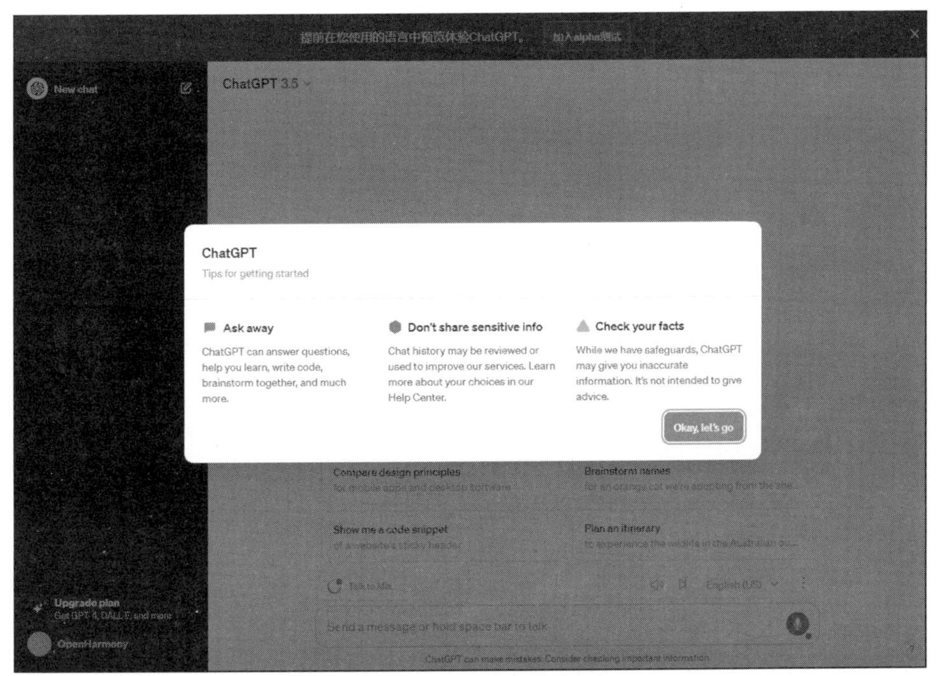

图 2-10 ChatGPT 聊天页面

到此，ChatGPT 注册完成。单击 Okay，let's go 按钮即可开始正常使用。

2.2 OpenAI API 手机认证

ChatGPT 账号和 OpenAI 账号为同一个账号。为了后续正常使用 OpenAI 的 API，需要创建 OpenAI API Key，创建 OpenAI API Key 需要进行手机认证，以下是详细步骤。

（1）登录 OpenAI 官方文档网站，如图 2-11 所示。

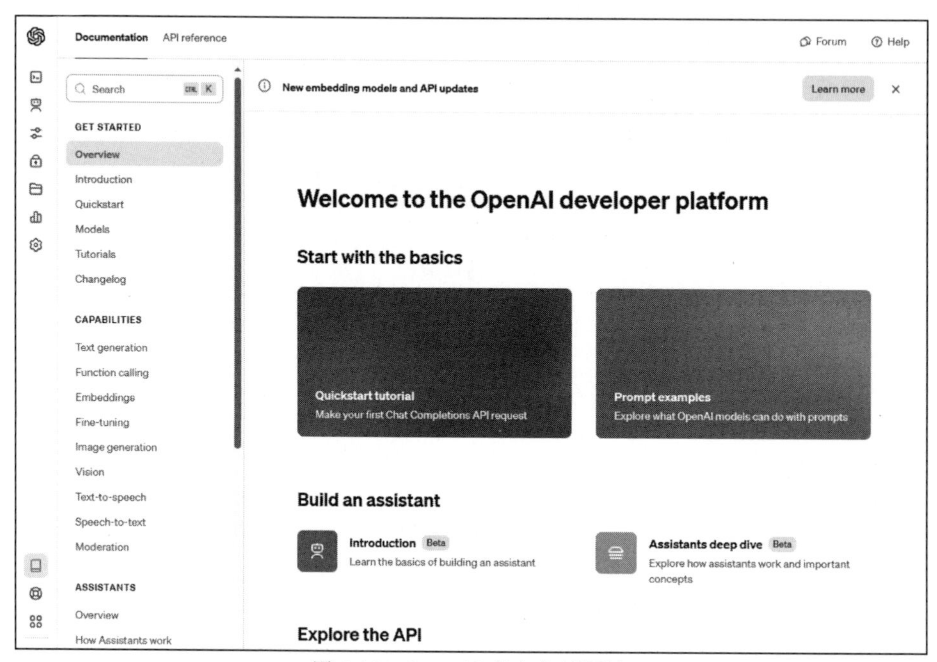

图 2-11　OpenAI 官方文档网站

（2）登录 ChatGPT 账号，单击左侧 API keys，如图 2-12 所示。

（3）单击 Start verification 按钮跳转到验证页面，如图 2-13 所示。

（4）购买成功后，可在已购买列表中查看，如图 2-14 所示。

（5）在 OpenAI 验证页面选择国家并输入手机号，如图 2-15 所示。

（6）单击 Send code 按钮发送短信验证码。

（7）输入短信验证码，如图 2-16 所示。

（8）验证码输入后，系统将自动进行验证。验证成功后会显示相关账号学分提示，单击 Continue 按钮继续，如图 2-17 所示。

（9）在弹出的 Create new secret key 对话框中，单击 Cancel 按钮取消密钥的创建，如图 2-18 所示。

到此，OpenAI API 手机认证步骤完成，认证成功后账号会收到 5 美元的学分补助，有效期为 3 个月，如图 2-19 所示。

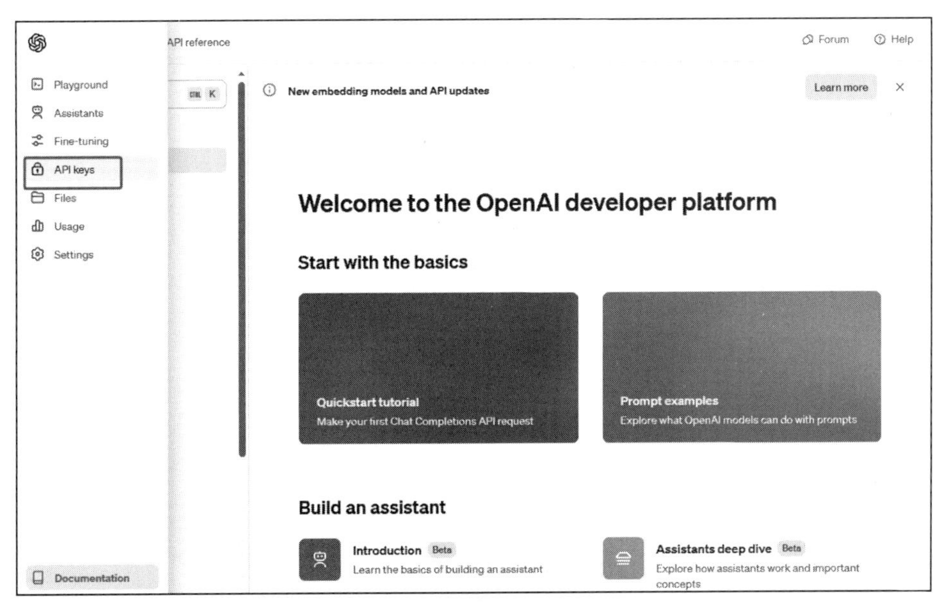

图 2-12　选择 API keys

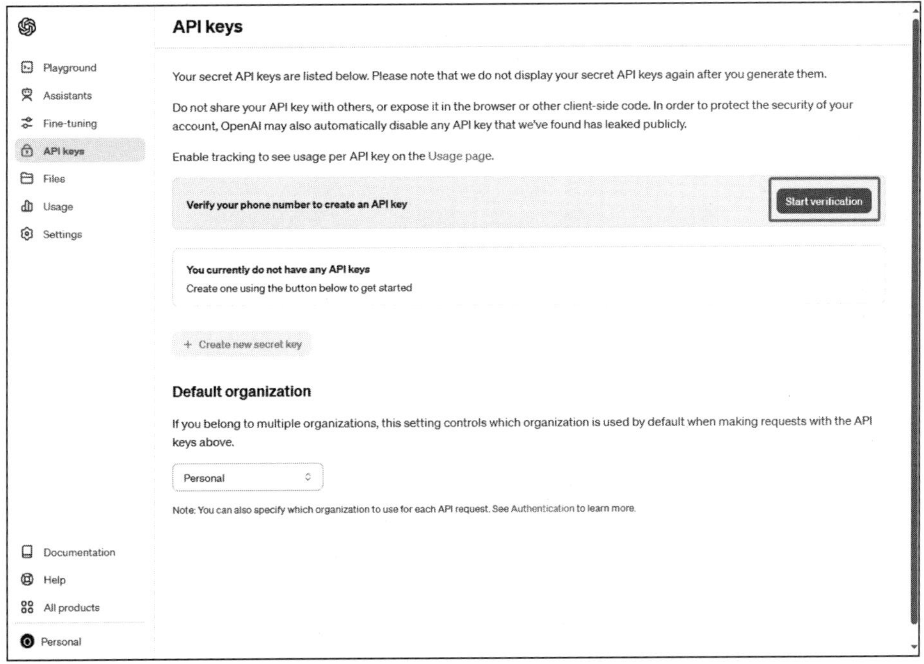

图 2-13　单击 Start verification 按钮

图 2-14　已购买手机号列表

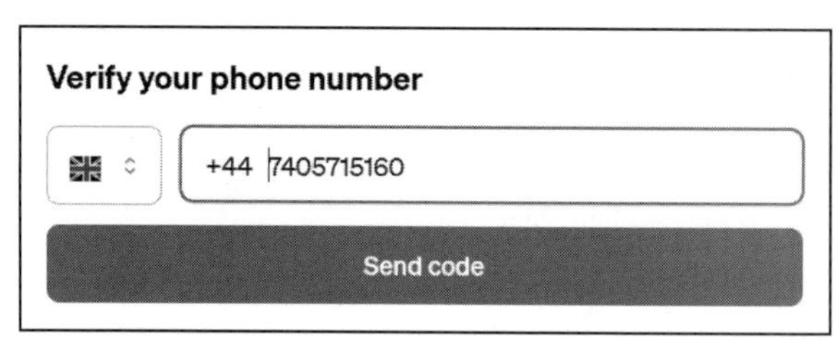

图 2-15　输入验证手机号码

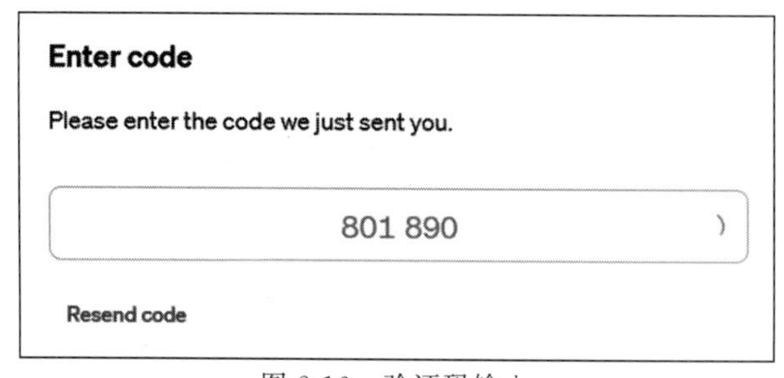

图 2-16　验证码输入

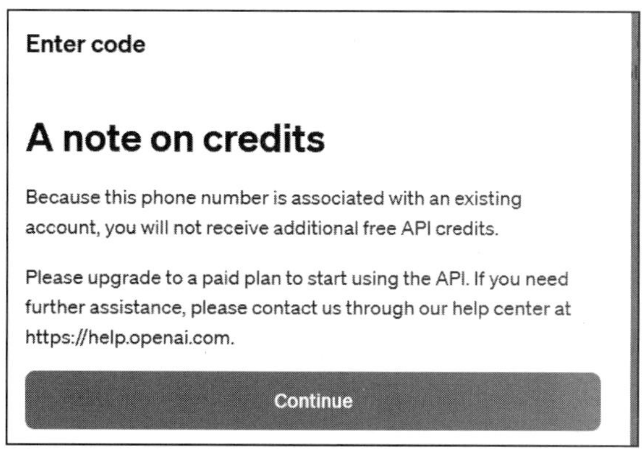

图 2-17 学分提示

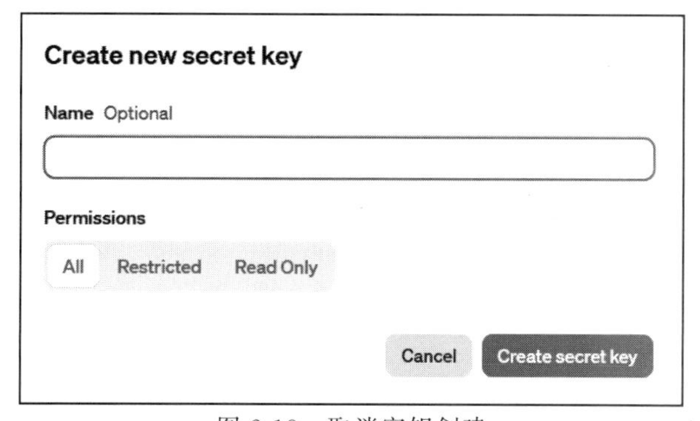

图 2-18 取消密钥创建

图 2-19 学分补助

2.3 用户登录

OpenAI ChatGPT 的用户登录步骤如下：

（1）登录 ChatGPT 官网，网址为 https://chat.openai.com/auth/login。单击 Log in 按钮跳转到登录页面，如图 2-20 所示。

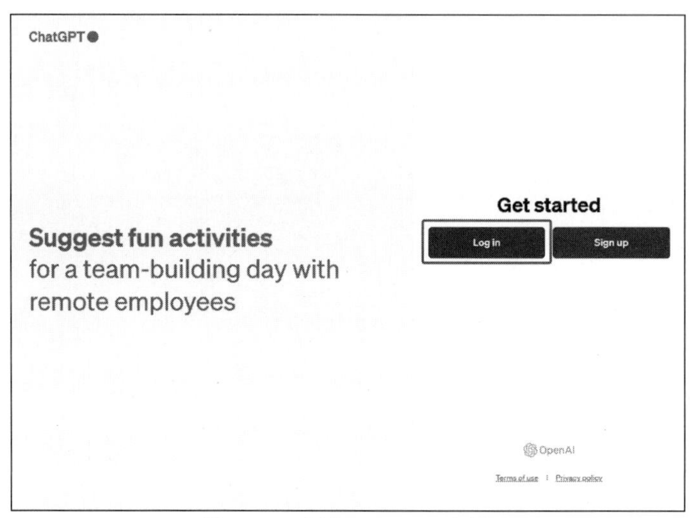

图 2-20 登录 ChatGPT 官网

（2）输入注册邮箱，单击"继续"按钮，如图 2-21 所示。

（3）输入密码，单击"继续"按钮，如图 2-22 所示。

图 2-21 输入注册邮箱

图 2-22 输入账号和密码

(4) 登录成功后即可进入 OpenAI ChatGPT 聊天页面,如图 2-23 所示。

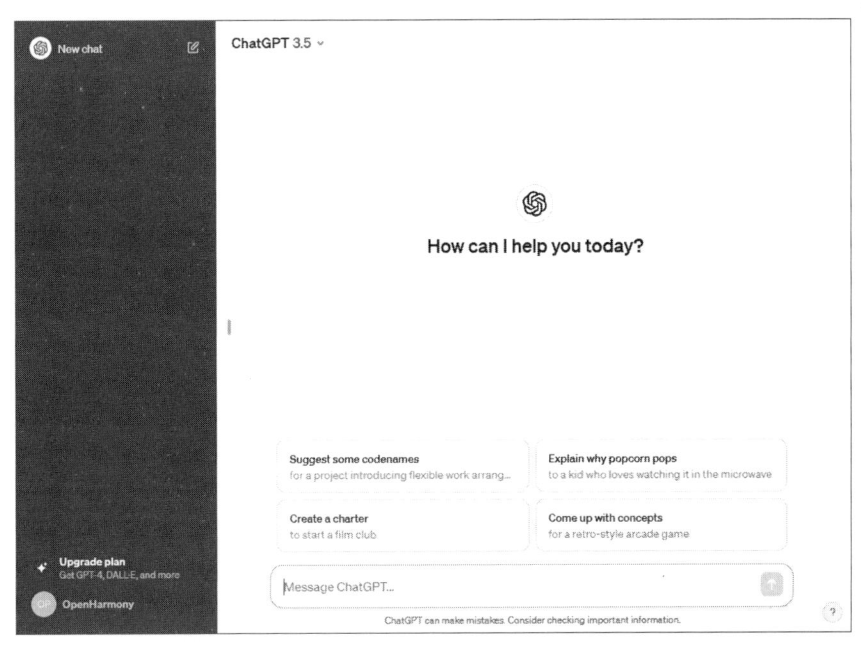

图 2-23 OpenAI ChatGPT 聊天页面

2.4 界面介绍

进入 OpenAI ChatGPT 聊天界面后,将看到一个简洁直观的布局,旨在方便用户直接开始对话。以下是界面的基本组成和功能介绍。

1. 功能提示(Tips)

有些界面可能提供一些贴心的使用提示或快速命令选择,以帮助新用户快速上手,如图 2-24 所示。

(1) 快捷回复:提供一些常用语句或问题,单击后自动出现在输入区域,方便快速对话。

(2) 使用指南:给出简短的指导说明,教导用户如何与 ChatGPT 进行有效互动。

2. 对话框

对话框(Chat Box)是界面最显眼的部分,也是用户与 ChatGPT 互动的主要区域,如图 2-25 所示。

对话框包含 3 部分。

(1) 输入区域:位于界面的底部,提供一个文本框供用户输入问题或话语。

(2) 发送按钮:位于输入区域旁边,通常是一个图标按钮,用户单击此按钮后可以发送消息。

(3) 聊天记录:显示在输入区的上方,这里会展示用户和 ChatGPT 之间的对话记录,包括用户的提问和 ChatGPT 的回答。

图 2-24　功能提示

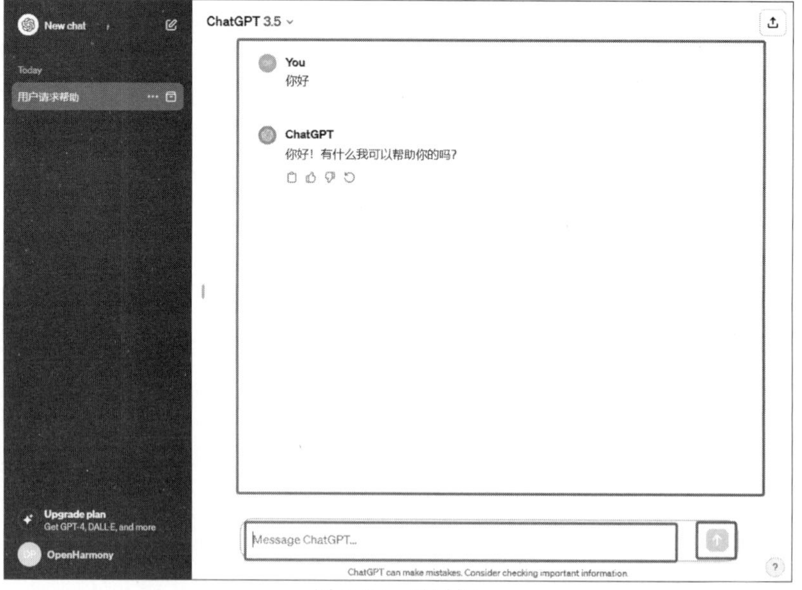

图 2-25　对话框

3. 菜单栏

界面最左侧为菜单栏(Menu bar),包含创建新的聊天会话、历史会话列表和用户信息 3 部分,如图 2-26 所示。

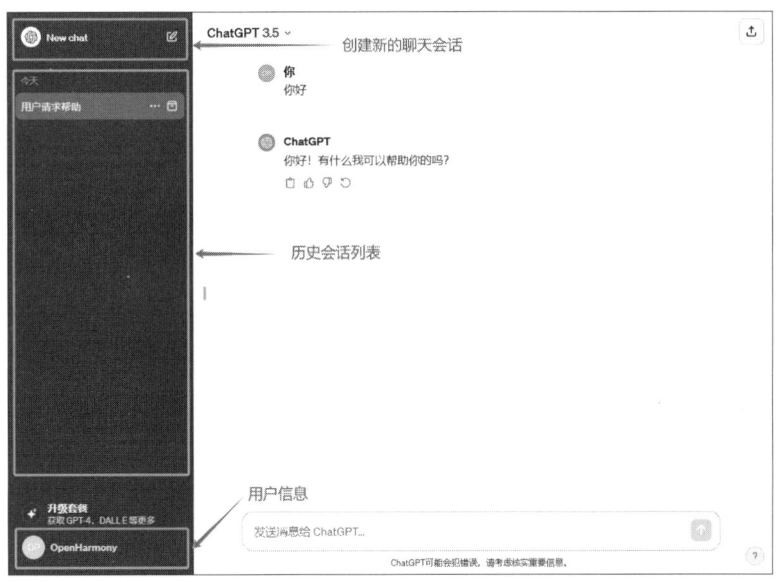

图 2-26 菜单栏

4. 个人中心

个人中心(Profile)提供了自定义指令、设置和退出登录 3 个功能,如图 2-27 所示。

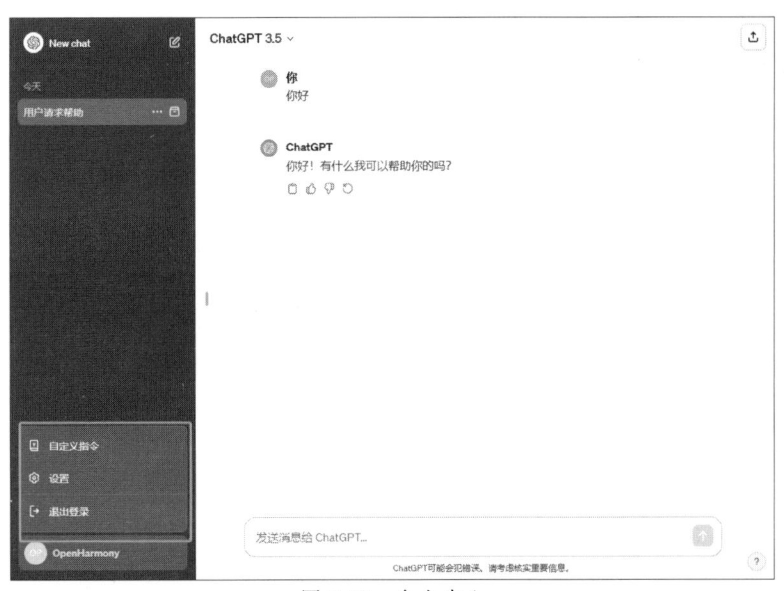

图 2-27 个人中心

以上便是 ChatGPT 的基本界面展示，用户可以根据这些组成部分和功能，开始与 ChatGPT 进行互动和探索。记得随时利用帮助选项获取支持，或通过设置进行个性化调整，以确保获得最佳体验。

2.5 进行对话

在掌握了基本的界面布局之后，现在通过一个具体的例子来讲解如何与 ChatGPT 进行对话。

1. 输入问题

假设想了解关于如何提高学习效率的一些建议。将光标置于输入框内，输入"请给出三条提高小学生阅读理解能力的建议"，如图 2-28 所示。

图 2-28 输入问题

2. 发送消息

输入完毕后，单击界面上的"发送"按钮或者直接按 Enter 键来提交问题，如图 2-29 所示。

3. 接收回复

提出的问题会立刻被发送，并且很快就可以在聊天记录中看到 ChatGPT 的回复，如图 2-30 所示。

图 2-29　发送消息

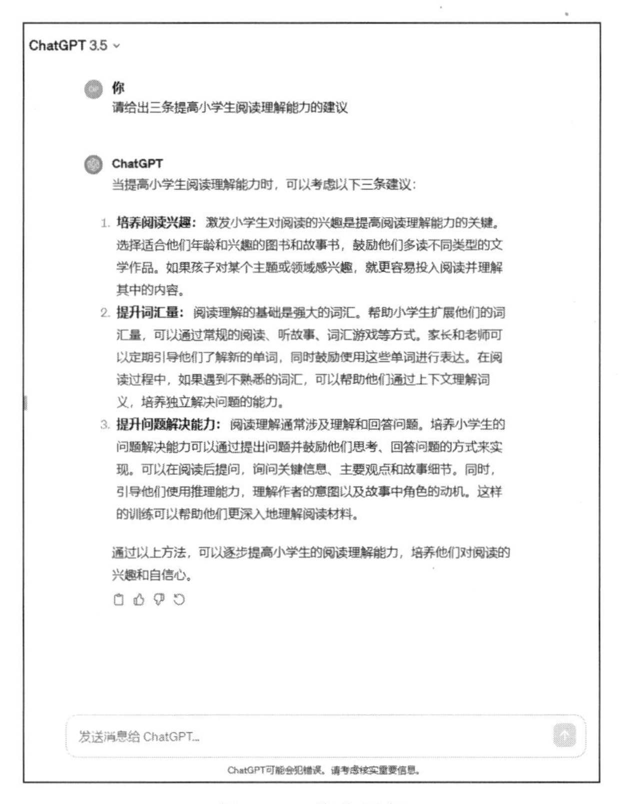

图 2-30　接收回复

4. 追加问题或提供反馈

如果想深入了解某个具体方法，则可以追加问题“请详细解释培养阅读兴趣”，如图 2-31 所示。

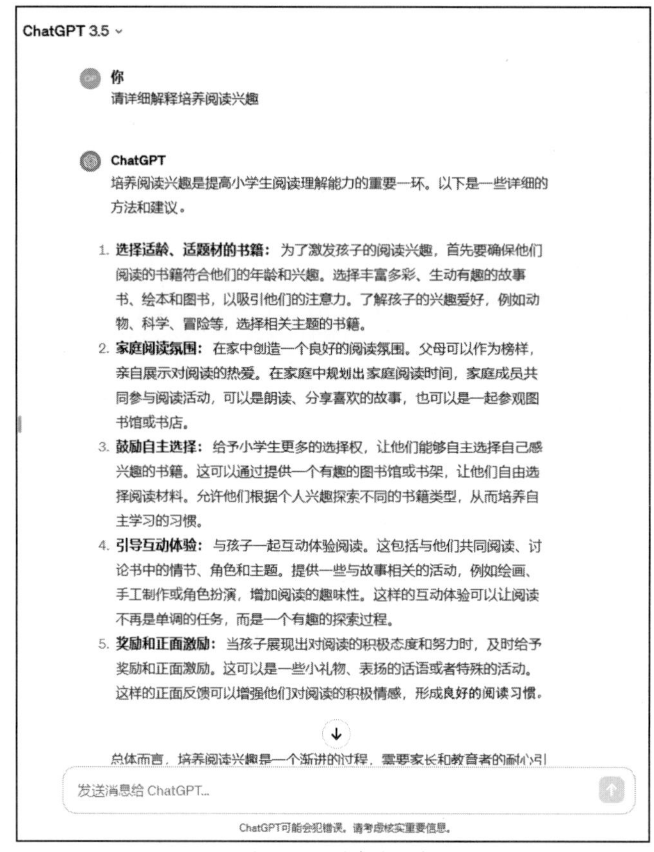

图 2-31 追加问题

如果需要的是另外一种类型的答案，则可以提供反馈“我已经尝试过这些方法了，你还有其他的建议吗?”，如图 2-32 所示。

5. 继续对话

根据 ChatGPT 的回复，可以继续提问或者向对话中添加自己的见解和想法，“明白了，我会尝试以上方法，谢谢你!”，如图 2-33 所示。

通过上述步骤，可以与 ChatGPT 展开一场丰富且流畅的对话，无论是寻求问题的答案，还是仅仅想要进行闲谈。记得在对话中保持明确的表达，这样能帮助我们获取更准确的信息，并充分利用 ChatGPT 的能力。此外，随时给予反馈或提出新问题能保持对话的连续性和有效性。

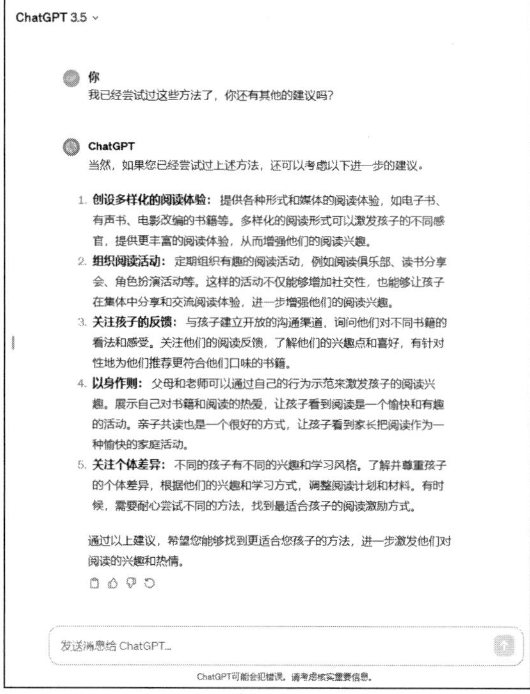

图 2-32 提供反馈

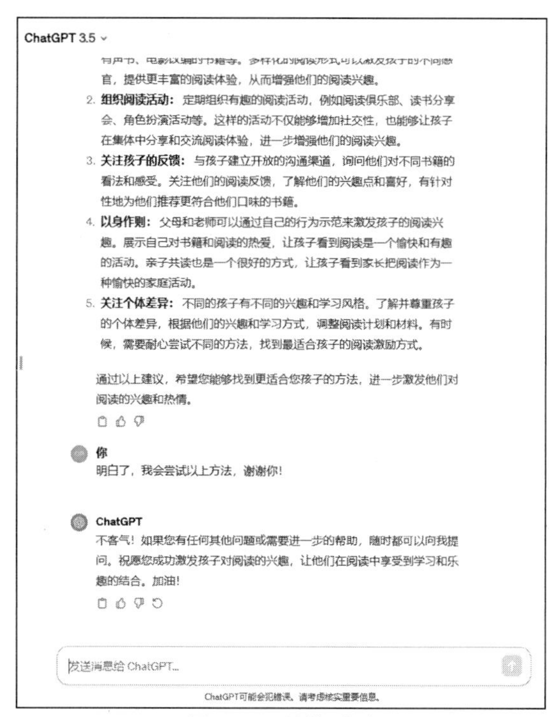

图 2-33 继续对话

2.6 聊天礼仪

维护与ChatGPT的聊天礼仪同样至关重要，它可以让沟通变得更有效率和愉快。聊天礼仪是表现在线交流尊重、理解和专业性的基础规则，其中包括恰当的语言选择、耐心、积极响应及清晰表达。

以下是确保优雅沟通的聊天礼仪战略和关键点。

1. 语言和态度要保持礼貌

在交流中保持语言和态度的礼貌是至关重要的。无论何时，即使在遇到分歧或答案未能达到期望时，仍应以尊重和礼貌的姿态进行回应。以下是如何具体做到这一点的详细指南。

1）选用积极的措辞

使用的词汇应该传达出友善和肯定的态度。例如，使用"请""谢谢"，以及"我理解"这类词汇，它们可以使交流更加和谐。

2）避免指责的语气

当你不同意或不满意对方的回答时，应避免使用责备的语言，而是采用询问或建议的方式表达自己的观点。

3）提出澄清或纠正请求

当感到答案不够准确或有误解时，应该礼貌地提出。例如，"我觉得可能有所误解，您不介意再解释一次吗？"或"您能更详细地说明一下那个概念吗？我想确保我完全理解了"。

4）控制语气

尽管在线交流无法传达真实的语调，但是使用过于强硬或命令的措辞（如大写字母、过多的感叹号等）也可以表现出负面的情感。相反，保持平和的语气有助于更平缓地进行交流。

5）回应中的感激之情

哪怕对方的回答可能不完全正确，也应表达感谢对方的努力，并且礼貌地指出更准确的信息需求。例如，"谢谢你的解答，不过我还有一些相关的细节需要了解，你能进一步帮我解释一下吗？"

通过这些策略，即使在观点不一或有分歧的情况下，也能维持礼貌和尊重的态度，并促成有效的沟通。

2. 表达简洁、明了

确保你的问题和答案都是直接和简练的。例如问："可以推荐一些市场营销的最佳实践指导吗？"这样的提问清晰且具体。

3. 谨慎使用非正式用语和俚语

在轻松的聊天中，仍应避免可能导致误解或显得不专业的言语。例如，"嘿，你能帮我查找一些信息吗？"

4. 提供有益的反馈和确认

当你得到所需帮助或信息时，提供反馈以促进未来交流的改进。例如“你提供的信息非常有帮助，正是我需要的，谢谢你”。

5. 结束聊天时表达感谢

不论聊天结果如何，礼貌地结束对话都是很有必要的。例如“非常感激你的帮助，祝你今天过得愉快”。

这些礼仪规则有助于营造积极的沟通氛围，确保信息交流过程的顺畅和效率，并使双方都感受到欣慰和尊重。

2.7 管理期望

在任何形式的对话中，合理设置并管理双方的期望对于确保有效沟通至关重要。这涉及清晰地表达自己的需求，同时理解聊天另一方能够提供什么程度的帮助。

管理期望的策略、创建明确且实现的目标。

1. 明确你的需求和希望得到的结果

在开始对话时，应直接表明自己希望获得什么信息或帮助。例如，“我希望了解下个月的天气预报，以便计划我的旅行”。

2. 给予足够的背景信息

提供有关你查询的背景信息，这样对方可以更好地理解你的需求。例如，“因为我打算去海边，所以我特别关心降雨量和风速的信息”。

3. 清晰地表达时间限制

如果你对回应的时间有特定的要求，则应该提前告知。可以这么说：“我希望在今天下午之前得到这个信息，这样我才能及时做出决定。”

4. 理解回应存在的可能限制

记住并非所有请求都能立即或完全按照你的期望得到满足，这可能由于信息的可用性或其他限制。可以问：“你能提供这项服务吗，或者你知道我应该去哪里寻求帮助吗？”

5. 适时提供反馈并调整期望

当你收到信息后，提供反馈，并且如果需要，则可对你的期望进行调整。例如“这些信息很有用，但我还需要……你能帮忙吗？”

6. 结束对话时确认获得的帮助

对话接近结束时，重申你所得到的帮助，并且感谢对方。例如结束时可以说：“感谢你的努力和提供的信息，这对我的计划很有帮助。”

通过有效地管理期望，你将能够减少误解和潜在的失望，同时确保双方在对话过程中保持积极和高效的关系。这也有助于建立长期、可信赖的沟通渠道。

2.8 如何获取帮助

在使用 ChatGPT 或类似的智能聊天助手时，即便是紧密遵循本书所提供的策略和建议，可能仍会遇到无法自行解决的难题或问题。在这种情况下，可以采取以下步骤获取必要的协助和支持。

1. 查看帮助文档

许多平台会提供一个详尽的帮助中心或者用户手册，这些通常包括最常见问题的解答和用户如何开始使用的基本指导。需要确保利用搜索功能查找特定话题。用户手册的每个章节通常会有详解和步骤指导，可以按步骤尝试解决问题。

2. 探索常见问题解答

探索常见问题解答（FAQ）部分专门针对用户最频繁提出的问题和共性问题。这些问题的答案通常更简短直接，能够快速提供所需要的信息。

3. 联系客服

如果在自行研究文档和 FAQ 后，问题仍然存在，则可以选择联系平台的客服团队。确保您在提供问题详述时，包括之前所采取的步骤，以及从文档或 FAQ 中获得的信息，这可以帮助客服团队更快地定位问题。对于紧急的或复杂的问题，一些平台可能支持实时聊天或电话服务。

4. 利用用户社区或论坛

如果平台提供了用户社区或论坛，则可以在那里发帖询问。用户社区往往由经验丰富的用户组成，他们可能有与您相同的问题，并且知道如何解决。在发帖之前，应搜索论坛以查看是否有其他人已经问过相同的问题，并且得到了回答。

5. 社交媒体求助

一些平台可能在社交媒体上非常活跃，可以通过 Twitter、Facebook 等社交网络平台向它们提问。值得注意的是，社交媒体上的公开性会给予更多的关注度，因此客服团队可能会更迅速地回应。

6. 启动更加轻松和高效的对话

（1）经常练习：通过不断实践使用各种功能，您将更加熟悉如何与智能聊天助手对话，从而更高效地使用它。

（2）及时更新：保持对最新版本的更新和功能的关注，平台可能会不断地改进和添加新的特性。

（3）提供反馈：多数平台都欢迎用户反馈，您提供的每条反馈都是宝贵的资源，帮助开发团队改进产品。

通过上述步骤和技巧，您将能够更深入地理解和使用 ChatGPT，无论是为了获取信息、进行娱乐，还是解决实际问题都可以让您的体验更加丰富和满意。记得，适应和学习如何使用新工具需要时间，耐心和实践都至关重要。

第 3 章

ChatGPT 使用技巧

高效地与 ChatGPT 互动有其技巧，以下是一些使用技巧的讲解，帮助读者更好地与 ChatGPT 进行沟通，并提升读者的互动体验。

3.1 基本聊天技巧

3.1.1 明确请求

在提出问题时，应尽量表达得明确且详细。举例来讲，不要简单地问“有什么好书吗?”，而是可以具体问“你能推荐三本小学生英文版的课外阅读书籍吗?”以这种方式提问有助于您获得更为准确的答案，如图 3-1 和图 3-2 所示。

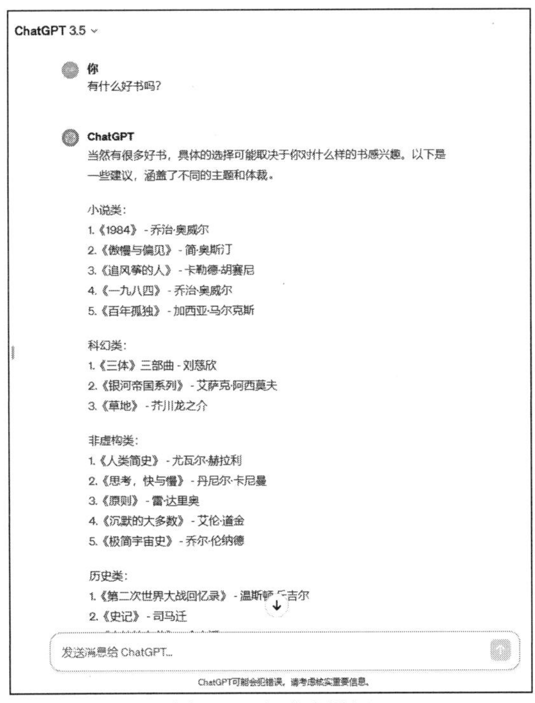

图 3-1 未明确提问

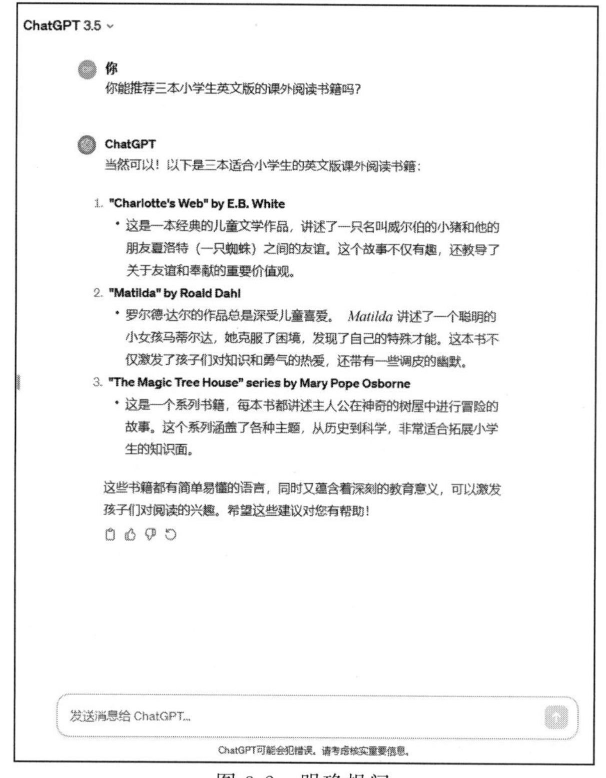

图 3-2　明确提问

3.1.2　运用上下文

在延续之前的讨论时，给出相关上下文将助于 ChatGPT 更准确地把握用户的需求。例如，在询问书籍细节时，可以这样说："请详细介绍第一本书！"这样的提问有助于 ChatGPT 提供针对性的信息，如图 3-3 所示。

3.1.3　分步提问

面对复杂或涵盖多个方面的问题时，将其构建成一系列简单、易于处理的小问题，可以显著地提高我们对问题的理解，同时也会从对话中获得更详尽和细致的答案。这个策略尤其适合学习过程中的理解和探索。

假设你是一位学生，需要准备一篇论文，主题是"自然灾害的影响"。这个主题广泛且信息量巨大，通过分步提问进行探究。

1. 定义概念

问："自然灾害包括哪些类型？"

这个问题可以帮助你理解自然灾害的范畴，为下一步的研究打下基础，如图 3-4 所示。

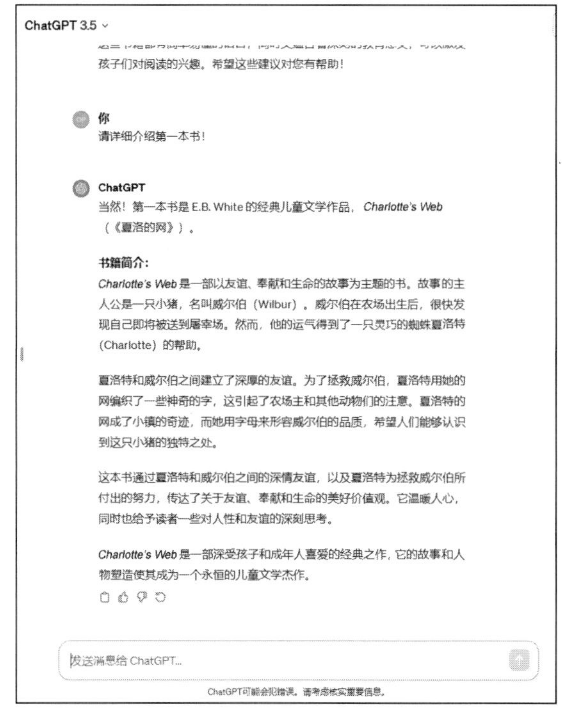

图 3-3 有效运用上下文信息

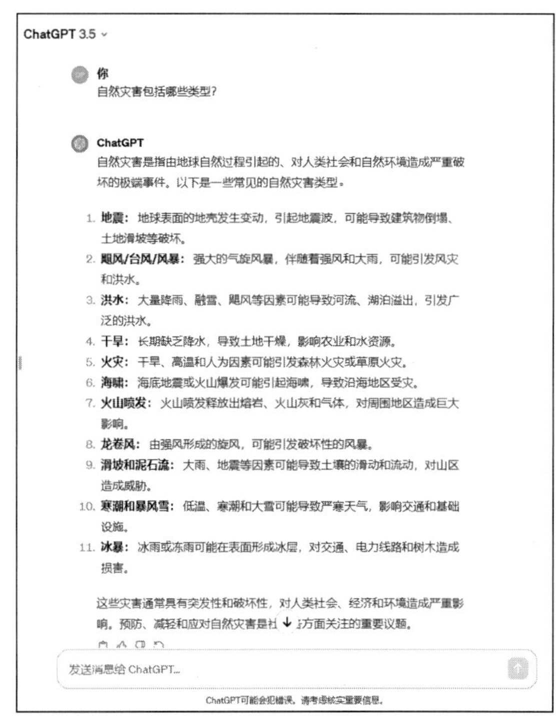

图 3-4 定义概念

2. 确定影响

进一步询问："自然灾害普遍有哪些影响？"

答案将给出灾害对人员伤亡、经济、环境和社会等方面的一般性影响，如图 3-5 所示。

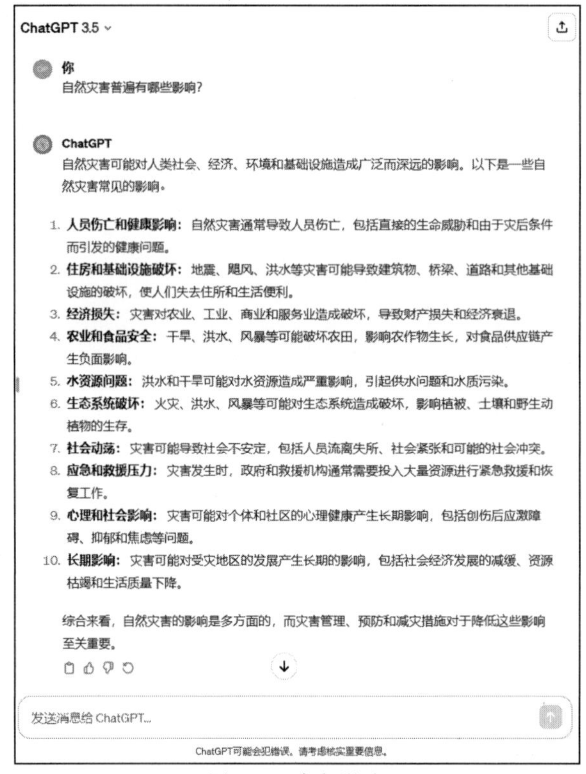

图 3-5　确定影响

3. 探索案例

接下来问："能否给我介绍一个特定的自然灾害案例及其具体影响？"

通过研究一个具体的案例，可以更深入地理解理论在实际中的应用，如图 3-6 所示。

4. 防灾减灾

再问："我们可以通过哪些方法减轻自然灾害的负面影响？"

这一问题将导向防灾和减灾措施的探讨，它们对于减轻灾害影响至关重要，如图 3-7 所示。

5. 总结见解

最后提问："如何在我的论文中有效地整合自然灾害的案例研究和防减灾策略？"

答案将帮助你了解如何构建论文的结构，整合所收集的信息，并展示研究成果，如图 3-8 所示。

通过把宏大的问题分解成更小、更具体的子问题，能够逐步构建对复杂概念的理解，并在学习的每个步骤中得到更精确的引导。这种分解法同样适用于所有需要深入思考和理解的情境。

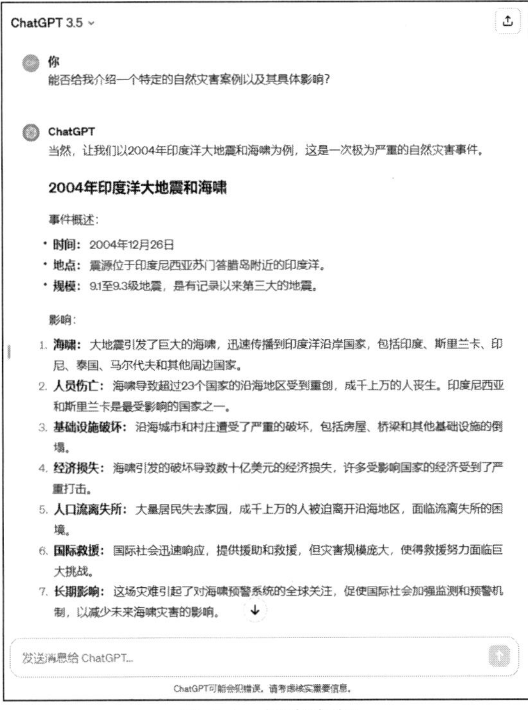

图 3-6　探索案例

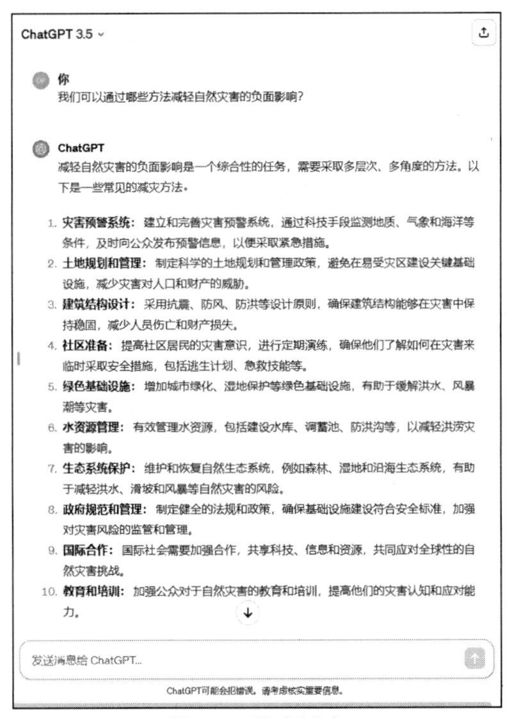

图 3-7　防灾减灾

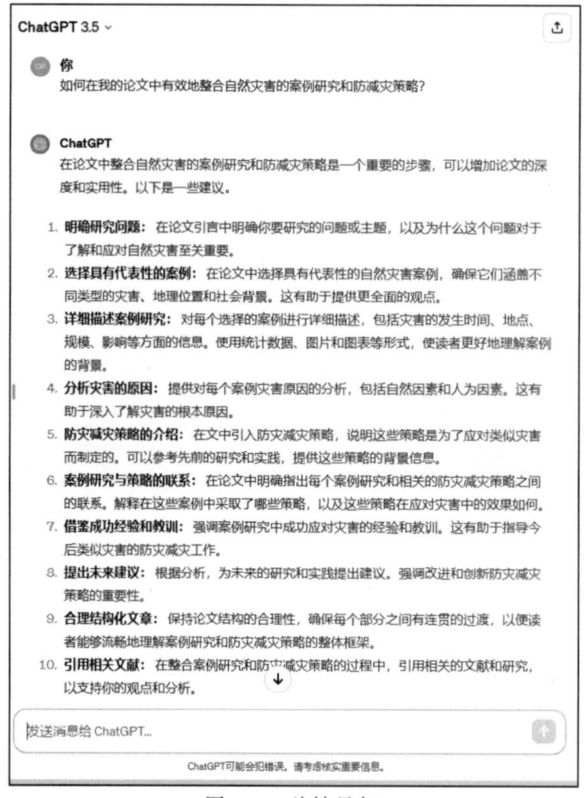

图 3-8　总结见解

3.1.4　提供反馈

提供反馈是一个双向的建设性的过程，有助于提升对话的质量，并使未来的交流更加高效。通过分享你对答案的看法，不仅可以帮助确定信息是否符合预期，而且还能够促进对话进步和个性化的调整。

假设你是学生，在完成数学作业时遇到了难题，通过寻求帮助并给出反馈，可以更好地理解概念。

1. 明确问题

可以说："我不太理解圆的周长公式如何应用，你能帮我解释一下这其中的原理吗?"

通过这样提问，你将获得关于特定数学公式的应用和解释，如图 3-9 所示。

2. 细化问题点

在获得回答后，如果仍有不明白的地方，则可以具体化你的疑惑，例如"你能否通过一个实际例子来展示这个公式是如何工作的?"

通过具体例子的解释，有助于你理解公式背后的逻辑，如图 3-10 所示。

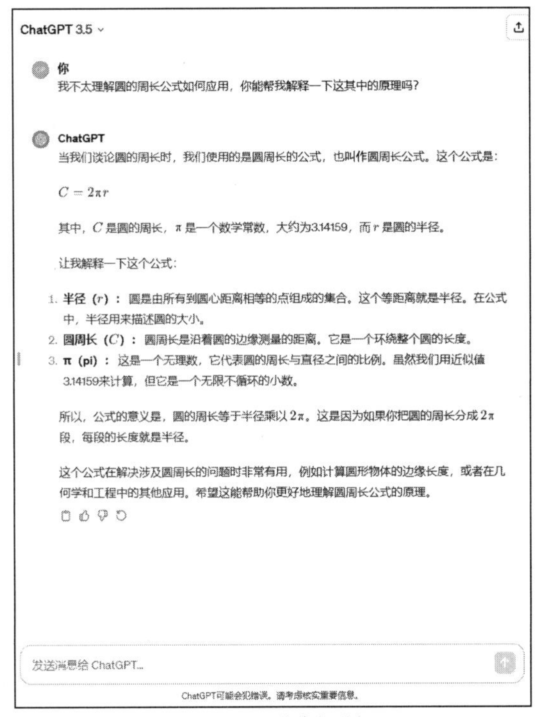

图 3-9　明确问题

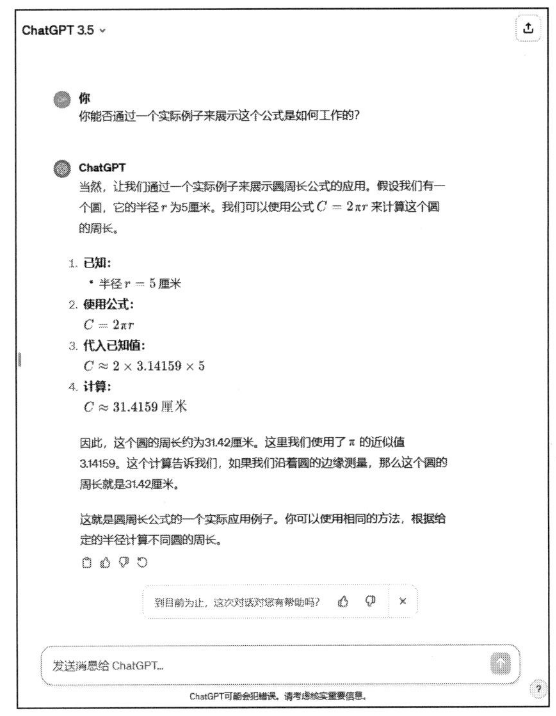

图 3-10　细化问题点

3. 最后给出反馈

在了解了这个例子后，可以提供反馈，可以说："这个例子让我理解了圆的周长公式，非常感谢你的解释！"

这样的反馈可以指导 ChatGPT 了解你的理解程度和解答的有效性，也可能促进未来解答的调整，如图 3-11 所示。

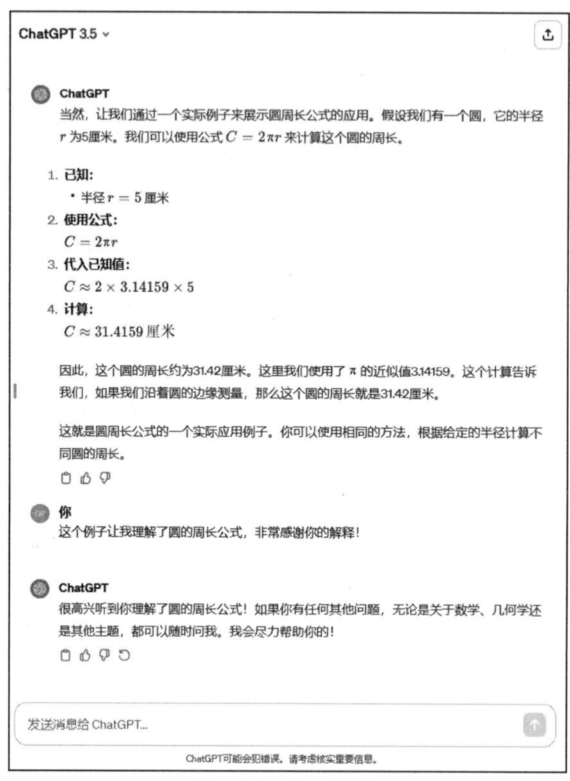

图 3-11　给出反馈

通过在交流过程中提供反馈，不仅可以帮助读者更好地理解学习材料，还能使 ChatGPT 理解解答是否足够有效，并对今后如何提供帮助提供宝贵的信息。这个策略在任何需要指导或协助的场景中都是十分有价值的。

3.1.5　细化需求

细化需求的过程有助于精确表达你所求的信息，使解答更具针对性，并确保最终的答复满足你的特定需求。明确并细化你的问题可以让 ChatGPT 更好地理解你的目的，从而提供更准确的信息或解决方案。

假设你是一名学生，正在准备一场演讲，主题是关于可持续发展。你想要收集资料，并希望确保它们是有用和相关的。

1. 设定主题范围

可以开始询问:“关于可持续发展,有哪些核心的领域值得探讨,请列举 5 条。”

这有助于界定讨论的细分主题,如环境保护、经济增长或社会公正等,如图 3-12 所示。

2. 明确具体需求

当对某个领域感兴趣时,例如环境保护,你可进一步地问:“在环境保护这一领域内,哪些创新的实践案例最能体现可持续发展的原则?”

这样的问题有助于你获取关于环境保护中可持续实践的具体案例和资料,如图 3-13 所示。

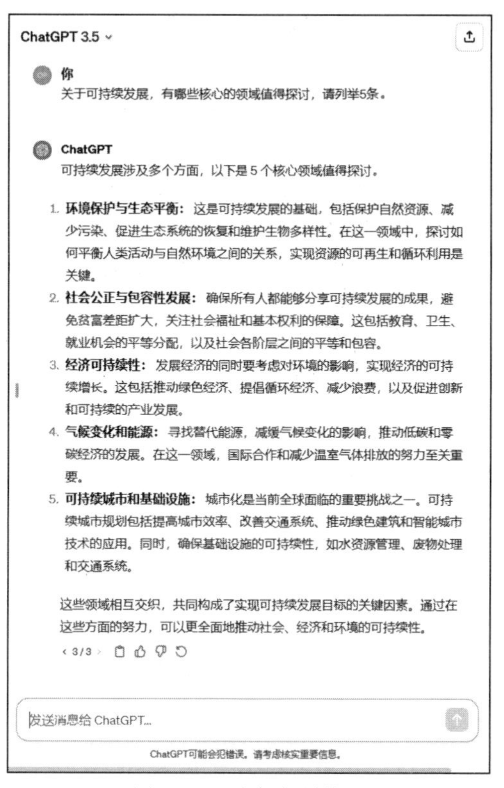

图 3-12　设定主题范围

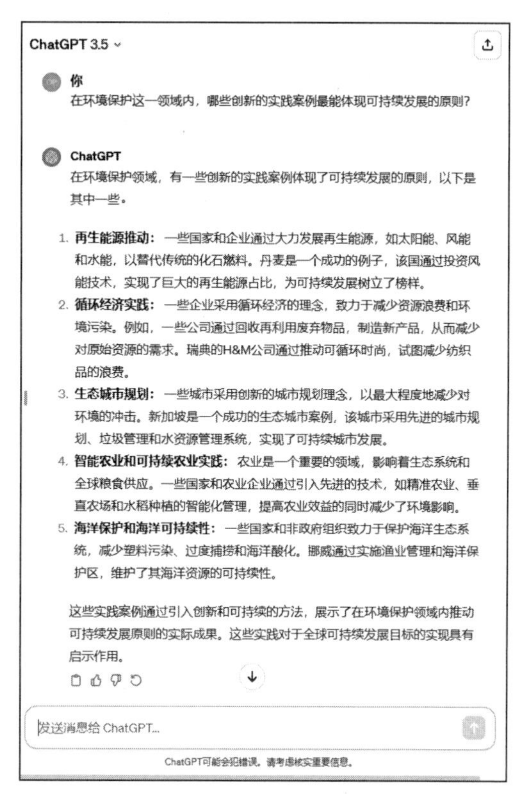

图 3-13　明确具体需求

3. 限定地区

为了更精确,可以添加地区限制:“你能帮我找 1 个在亚洲地区关于环境保护的可持续发展案例?”

这一步可以让读者获得更具区域相关性的信息,如图 3-14 所示。

4. 提出具体信息类别要求

你可能需要数据支持你的观点,因此可以询问:“请问在哪里可以找到关于亚洲地区环境保护项目的实际效果和统计数据?”

指定信息类别(如数据和统计)将确保你获取支持论点的具体证据,如图3-15所示。

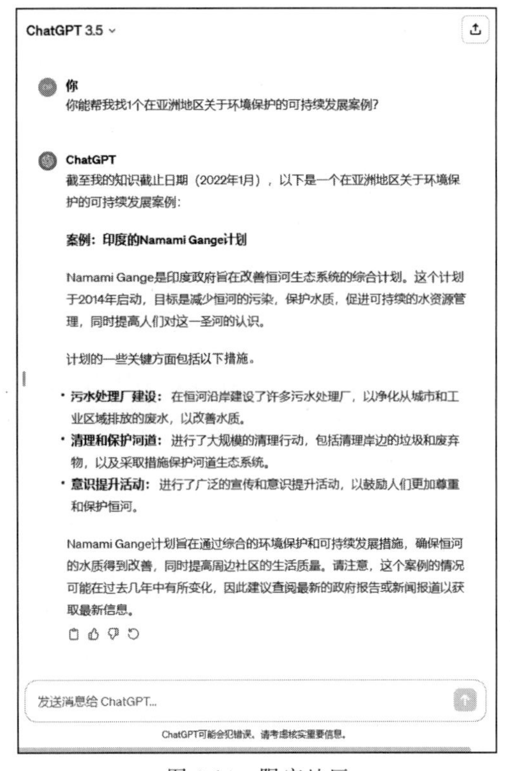

图3-14 限定地区

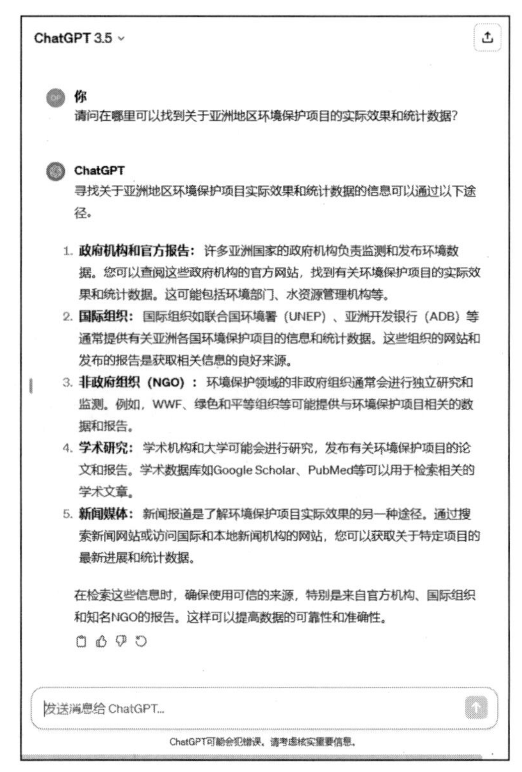

图3-15 提出具体信息类别要求

通过细化需求,将能更精确地定位所需信息,使最终给出的答案或提供的资源最大程度地符合期望。这种方法适用于准备研究论文、演讲、项目提案或是任何需要详细信息来支撑的工作。

3.1.6 清晰的结束

一段对话的清晰结束不仅是礼貌的标志,而且对于确保双方都明白交流已达到满意的结论和后续步骤很有帮助。它可以确保你能够整理所获得的信息,并清楚接下来要采取哪些行动。

假设已经得到了需要的答案或建议,现在需要结束这次的交流。

1. 总结你所得到的帮助

可以说:“感谢你提供的信息和建议,它们对我的问题给出了很清晰的解答。”

这样的总结有助于确认所接收的信息,并表明它们已满足需求。

2. 然后表达感激之情

随即加上,“我非常感谢你的帮助,它对我即将进行的研究非常有价值”。

通过表达感激,可以在积极的氛围中结束对话,并为未来可能的交流打下良好的基础。

3. 接下来,确认后续行动

之后可以说:"现在我将根据这些信息开始我的研究工作。"

这表明你已经有了明确的下一步计划,并且你所获得的帮助将会被实际利用。

4. 最后,明确结束对话

最后,确保交流被正式结束:"如果我在研究过程中有任何其他问题,则可能会再次寻求你的帮助。谢谢你的时间,再见。"

这样的结尾表明虽然当前的对话已结束,但保持了未来联系的可能性,并礼貌地表示了告别,如图 3-16 所示。

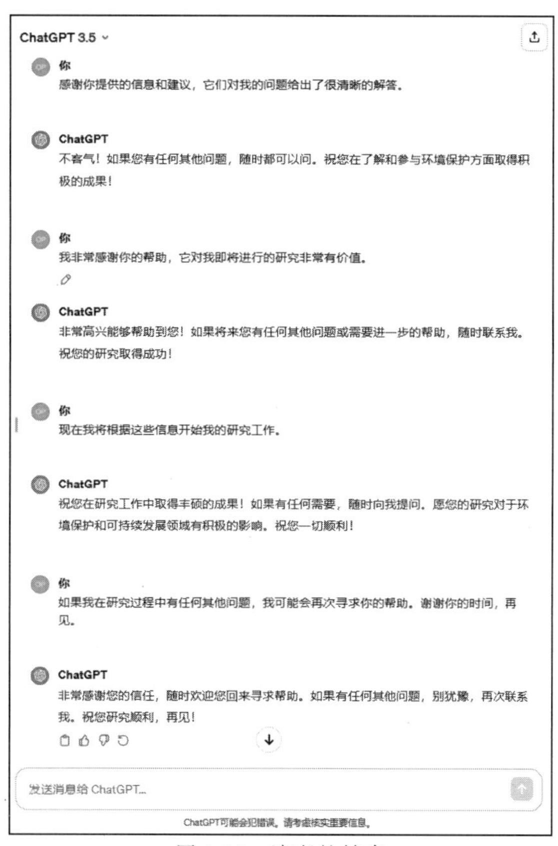

图 3-16 清晰的结束

清晰的结束有助于你和帮助者都理解交流已经完成,并且每个人都知道接下来会发生什么。这不仅是一个良好的沟通标志,也有助于确保双方的时间和精力得到尊重。

通过上述的使用技巧,可以使对话更加高效和顺畅。无论需求是寻求解决方案、学习新知识还是寻找灵感和意见,这些技巧都可以在与 ChatGPT 的互动中取得更好的结果。需要记住,清晰的沟通和及时的反馈是提升会话质量的关键。

3.2 个性定制与角色演绎

3.2.1 个性化设置

个性化设置在ChatGPT中扮演着重要的角色，它允许用户根据自己的偏好和需求进行个性化设置。通过个性化设置，用户可以调整ChatGPT的语言风格、角色设定、回答的深度和广度，以及其他相关参数。这些设置可以使ChatGPT更符合用户的个人需求，提供更加个性化和定制化的对话服务。以下是一些常见的个性化设置。

1. 语言风格

语言风格对于对话体验来讲非常重要，它不仅可以增强信息的传递，还可以调动对话的情绪和愉悦度。ChatGPT无论是在回答专业查询还是进行日常闲聊时都可以根据用户的喜好和需求，灵活地调整其语言表达方式。以下是不同语言风格的定义和示例。

1）正式风格

适用于业务、学术或正式场合的对话。使用恰当的术语、避免口语表达，保持语句结构清晰、逻辑严密。

【示例3-1】

（1）用户询问：请解释量子计算是什么？

（2）ChatGPT回答（正式风格）：量子计算是计算机科学的一个分支，它利用量子力学的原理来增强计算处理的能力。与经典计算机相比，量子计算机使用的是量子位或qubits来表示数据，它们可以存在于多种状态之间的叠加状态，从而能够同时处理大量信息。

2）轻松风格

在非正式交流或更加私人的对话中适用。可以使用日常口语表达，语句更加自然、亲切。

【示例3-2】

（1）用户询问：量子计算是什么？

（2）ChatGPT回答（轻松风格）：哦，量子计算就像是超级计算机的未来版本，想象一下你的计算机有超能力，能同时做好几件事，那就是它的奥秘！它使用一些叫qubits的粒子，这些小东西同时存在于多重状态，大大加快计算速度。

3）幽默风格

在希望轻松愉快的对话或是打破僵局的场合下适用。通过运用俏皮的比喻、调侃和搞笑的元素来给对话增添趣味。

【示例3-3】

（1）用户询问：量子计算是什么？

（2）ChatGPT回答（幽默风格）：想象一下，你的计算机吃了一粒魔法豆，变成了一个可以同时在海里游泳和在山上跑步的超级英雄，这样它就可以一次完成超多任务。这就是量子计算的魔力，使用 qubits 这种神奇的粒子，让你的计算机变成了超级计算奇才！

通过这些例子，可以看到，改变语言风格可以显著地改变对话的感觉和用户的体验。不同的语言风格还可以用来匹配不同的对话场景和用户的情绪状态，为用户提供更加定制化的服务。

2. 回答的深度和广度

回答的深度和广度的调整，可以让 ChatGPT 更好地适应用户的不同需求。有时用户可能需要快速且简洁的信息，有时则可能需要详尽的解释或对一个主题的全面覆盖。以下是深度和广度调整的具体说明及示例。

1）深度（详细程度）

深度决定了 ChatGPT 提供信息的详细程度。

（1）低深度：通常是简短且直接的答案。

（2）高深度：提供更多细节、背景信息和复杂的解释。

【示例 3-4】 什么是机器学习？

（1）浅层回答：机器学习是计算机科学的一部分，它让计算机能够从数据中学习，并做出决策或预测。

（2）深层回答：机器学习是人工智能的一个分支，涉及开发算法和统计模型，使计算机系统能够通过数据来识别模式和做出决策，而无须进行明确的指令编程。它包括多种技术，如监督学习、无监督学习和强化学习，每种都有其应用领域和独特的算法。

2）广度（内容范围）

广度描述了回答包含主题的宽泛程度。

（1）窄广度：专注于特定的点或问题。

（2）宽广度：包含多个相关的点或概念，提供一个主题的全局视图。

【示例 3-5】 解释一下机器学习。

（1）窄广度回答：机器学习是一种技术，它使计算机能够从数据中学习和做出预测，例如，识别电子邮件是否为垃圾邮件。

（2）宽广度回答：机器学习是一系列使计算机能够自主学习的技术的总称。它不仅用于垃圾邮件过滤，还广泛应用于图像识别、语音识别、推荐系统、自动驾驶车辆等领域。它的核心在于创建算法，这些算法可以从历史数据中学习，以预测新数据的结果或行为。

用户可以根据自己的需求，指示 ChatGPT 调整其回答的深度和广度。例如，如果用户正在初步了解一个主题，则可能会要求更宽广的概述；如果用户正在为特定项目寻找信息，则可能需要更专注和细致的解答。通过这种方式，ChatGPT 能为用户提供个性化的信息，帮助他们更有效地了解和处理各种疑问。

3. 对话历史

对话历史是对话管理中的一个重要特性，它允许 ChatGPT 追踪和参照先前的交流内容。如果记录了对话历史，ChatGPT 则可以使用这些历史信息提供更连贯、更个性化的答案，并且可以在后续的对话中引用先前的讨论点。以下是如何利用对话历史的具体说明和示例。

1）无对话历史

在这种模式下，每次对话 ChatGPT 都是从零开始的，不会考虑之前的对话内容。这可以让每次交流都独立，但可能缺乏连贯性和个性化。

2）有对话历史

ChatGPT 会综合考虑先前的对话历史进行回答。这使交流更有上下文，可以在对话中建立知识和关系。

【示例 3-6】

用户先前询问过：我该如何提高我的英语？

ChatGPT 回答了一些学习英语的建议，如坚持每日阅读英文文章、观看英语电影、找语伴练习等。

1）没有对话历史的情况下

（1）用户再次询问：你有更多的建议吗？

（2）ChatGPT 回答（无历史）：为了提高一项技能，建议找到专业的教材进行定期练习，以及测验自己的能力。

2）有对话历史的情况下

（1）用户再次询问：你有更多的建议吗？

（2）ChatGPT 回答（有历史）：考虑到我们之前谈过的一些英语学习方法，我建议可以尝试写作练习，例如开始写日记或博客都是很好的选择。此外，参加英语辩论俱乐部或加入语言交换社群也可以提高口语和听力水平。

启用对话历史能让 ChatGPT 提供更个性化的建议，通过记忆用户的技能水平、兴趣和先前的提问，从而定制对策和建议。用户可以根据自己对连贯性和个性化的需求，选择是否启用对话历史这一功能。

4. 语言偏好

语言偏好设置能够让 ChatGPT 在回答问题时采用用户更为熟悉或偏好的语言风格，这可以包括方言、俚语、行业专业术语等。这种个性化设置提升了用户体验，让对话更加自然和亲切。以下是如何设定语言偏好的具体说明和示例。

1）方言

用户可以要求 ChatGPT 使用特定地区的方言进行交流。例如，用户在中国广东省长大，可能会偏好使用粤语。

2）俚语

用户可以让 ChatGPT 在对话中使用当地的俚语。例如，年轻用户可能偏好使用更轻松和流行的口语表达。

3）专业术语

用户可以要求 ChatGPT 使用特定行业或领域的术语。例如，医生在询问医疗相关的问题时可能会偏好更专业的医学术语。

【示例 3-7】

用户提问：你好，如何才能到达中央公园？

(1) ChatGPT 不带设定回答(普通语言)：您可以乘坐地铁 A 线或者 C 线到达中央公园。

(2) ChatGPT 带俚语设定回答：嘿，要到中央公园，你得坐 A 列车或者 C 列车，那儿是直达的。

设定语言偏好有助于用户享受更个性化的服务。对于那些希望在交流中得到文化上的共鸣或希望沟通时更精确的用户，这一功能尤其有用。ChatGPT 会根据用户的偏好调整其语言和表达方式，以创造更适宜和愉快的对话体验。

5. 回答优先级

回答优先级的设置允许用户指导 ChatGPT 在遇到多个问题时应如何组织回答顺序。这个功能尤其有助于对话中那些需要筛选和排序信息的情况。用户可以标明最需要答案的问题，或是按照某种重要性或自身兴趣的层级来设定问题的优先级。以下是如何设定回答优先级的说明及示例。

1) 设定优先级

用户在提出多个问题时，可以通过明确表达或额外说明来指定哪个问题最紧急或最重要。

2) 组织回答

基于用户的指示，ChatGPT 会调整其回答的顺序，确保首先回答优先级最高的问题。

【示例 3-8】

用户提问：我明天有场面试，我需要知道如何打扮，如何进行自我介绍，还有面试官通常会问哪些问题？

(1) 用户设定优先级：首先，我最关心的是可能被问到的问题。

(2) ChatGPT 回答(按优先级)：关于面试官可能会问的问题，通常涉及你的工作经验、技能、以往成就及你对工作的热情。例如，他们可能会问“你能给我讲讲之前的工作经历吗?”或者“你如何看待团队合作?”。了解这些常见问题及预先准备答案会让你在面试中更加自信。至于如何打扮，建议选择专业得体的装扮，例如商务休闲装，而自我介绍时，简洁明了地概述你的专业背景，目标职位相关的技能和成就，可以让面试官对你有一个清晰的第一印象。

通过优先级设置，ChatGPT 能够顺应用户的紧迫感或满足特定情境下的需求，确保最关键的问题被优先妥善地处理。用户通过这种设置，能够驾驭对话的节奏和方向，使交流更加有效率。

6. 对话模式

对话模式是调节 ChatGPT 回答方式的一个重要功能，能够让用户根据所需场景选择不同的交流风格。以下是一些常见的对话模式。

1）问答模式

在这种模式下，ChatGPT专注于直接回答用户的具体问题。回答通常简洁明了，其目的是快速提供信息或解答。

2）故事模式

在故事模式中，用户可以让ChatGPT讲述一个故事或继续一个故事情节。故事可以是创造性的、教育性的，或者娱乐性的。

3）解释模式

当用户需要详细解释或深入探讨时，可以选择这一模式。ChatGPT将提供更详尽的信息，帮助用户理解复杂概念或回答背后的逻辑。

【示例3-9】

用户提问：能解释一下引力波是什么吗？

（1）问答模式回答：引力波是由某些天体运动（如黑洞或中子星的合并）引起的时空扭曲，这些波纹随后以光速传播。

（2）故事模式回答：想象宇宙中有两个巨大的星体，在它们相互旋转和最终合并的过程中，释放出巨大的能量，产生了时空的涟漪，就像我们将石头掷进池塘时水面上的波纹，这就是引力波。

（3）解释模式回答：引力波是爱因斯坦在广义相对论中预言的现象，它们是时空的波动，传递着宇宙中剧烈事件的消息。源自天体的加速运动，正如两个大质量物体（例如，黑洞或中子星）在合并时的那种情形。引力波可以被专门的探测器（如LIGO）观测到，通过这些观测，可以了解到在最尖端宇宙学研究中无法直接看到的事物，这对于天体物理学领域来讲是一个重大突破。

通过选择合适的对话模式，用户可以有效地引导对话的流向和深入程度，以确保其需求得到满足。无论用户是想要简洁的答案，想要聆听一个故事，还是想要对某个主题进行深入探讨，设定对话模式都是非常有用的。

7. 敏感话题屏蔽

敏感话题屏蔽功能允许用户指定某些他们认为不适宜或不适合讨论的话题，进而防止ChatGPT在对话中触及。这样的设置有助于创建一个安全的对话环境，并确保对话内容不会让用户感到不适。以下是如何设置敏感话题屏蔽的说明及示例。

1）设置屏蔽内容

用户可以明确告知哪些内容或话题是不希望提及的。

2）避免特定话题的回答

ChatGPT将依照用户的设置，避免在回答问题时涉及被屏蔽的话题。

【示例3-10】

用户设置：请不要讨论有关政治话题。

用户提问：最近政治局势如何？

ChatGPT回应（遵循屏蔽设置）：抱歉，我不能回答有关政治的问题。

用户提问：怎么做巧克力蛋糕？

ChatGPT 回应（不涉及屏蔽话题）：要制作巧克力蛋糕，你需要准备一些基本的烘焙材料，如面粉、糖、鸡蛋、无盐黄油和巧克力。首先，将黄油和巧克力融化混合，接着加入糖、鸡蛋和面粉，搅拌均匀后倒入模具中，然后将烤箱预热至350℉（约177℃）并烘烤大约30min。烤完后冷却，就可以享受美味的巧克力蛋糕了。

这种屏蔽机制确保了对话能够在用户的舒适区域和道德标准内进行。无论出于个人喜好、文化差异还是隐私考虑，用户都可以通过设定屏蔽特定话题来控制对话内容，从而获得更加定制化且舒适的体验。

8. 用户名和称谓

用户名和称谓的自定义功能允许用户为自己选择一个称呼，让 ChatGPT 在对话中使用这个称呼来增强互动的个性化和亲切感。用户可以选择一个名字、昵称或是特定的头衔。以下是如何设置个性化称呼的说明及示例。

1）个人化称呼的设置

用户明确告知 ChatGPT 希望被如何称呼。

2）使用指定称呼

ChatGPT 根据用户的设定，在对话中自然地使用这个名称或称谓。

【示例 3-11】

用户设置：可以叫我 Alex。

用户后续提问：我该如何提高我的英语水平？

ChatGPT 回答（使用设定称呼）：Alex，提高英语水平的一个有效方法是通过持续的实践。可以尝试阅读英文书籍、看英语电影、参加语言交流活动，甚至找一个英语学习伙伴。每天花时间沉浸在语言环境中，无论是通过写作、说话还是听力练习都能帮助你取得进步。

通过让用户设置称谓，ChatGPT 能够创造一种更加轻松友好的对话氛围。用户感觉被个性化地对待了，而不是与一个毫无个性的系统交流。这种定制化的称呼还能加深用户对对话的投入，使整个体验更加愉悦和人性化。

9. 自动补全和纠错

自动补全和纠错是两项实用的功能，可以帮助用户在与 ChatGPT 进行对话时提高效率和准确性。这些功能在用户输入时即刻发挥作用，补全输入的句子并纠正任何可能的拼写错误。以下是如何使用这些功能的说明和示例。

1）自动补全

当用户开始输入文字时，系统会基于已输入的部分和常见的语言模式，提供一个或多个可能的完成选项。用户可以选择这些建议来快速完成输入，节约时间。

2）纠错

用户在输入时如果出现拼写错误，系统则会自动识别并提供正确的拼写建议。用户可以接受建议来修正错误，并确保对话能够顺利进行。

下面给出用户启用纠错功能后的交互示例。

【示例 3-12】

用户输入：我想了解关于 ecoomic(经济)的书。

聊天界面(自动纠错提示)将“ecoomic”标记为错误，提示正确的拼写为“economic”。

用户接受建议，修正拼写，进一步询问：有哪些关于 economic 的书推荐吗?

ChatGPT 回应：关于经济学的书籍，有许多不错的选择。例如，《经济学原理》是一部经典入门书籍，它深入浅出地介绍了经济学的基本概念。此外，《国富论》和《资本论》也是在经济学领域具有重要地位的作品。根据你的兴趣点，还可以找到更多专门针对特定领域的书籍，如宏观经济学、微观经济学或金融市场。

通过设置自动补全和纠错功能，用户能够更顺畅地与 ChatGPT 对话，无须过分担心打字错误或者输入效率的问题。这样可以让用户专注于对话的内容，而不必纠结于形式，从而提供更流畅、更高效的沟通体验。

10. 音频或文本输入

音频或文本输入功能提供给用户灵活的交互方式，用户可以根据个人的喜好或当前的环境选择最合适的方式与 ChatGPT 对话。以下是这两种输入方法的说明及示例。

1）文本输入

用户通过键盘输入文字，适用于需要静静地集中精力思考或在安静环境下使用的场景。文本输入让用户有时间仔细拟定和编辑要发送的消息。

2）音频输入

用户可以通过话筒直接与 ChatGPT 进行语音交流，特别适合繁忙或需要同时完成多个任务的情况。音频输入使用户在无法打字或不便打字时仍能轻松地进行交流。使用音频输入功能需要在浏览器中安装 ChatGPT 语音插件，如图 3-17 所示。

图 3-17　ChatGPT 语音插件

【示例 3-13】

1）用户选择文本输入的交互

用户通过键盘输入提问：如何提高跑步的耐力和速度?

ChatGPT 回应：要提高跑步的耐力和速度，可以尝试间歇性训练，例如慢跑与冲刺交替进行。此外，增加核心肌群的力量训练，保持充足的营养摄入和适当的休息也同样重要。

2）用户选择音频输入的交互

用户通过话筒询问：我明天的飞机是什么时候?

ChatGPT 侦测到音频输入，并处理语音信息进行回复：很抱歉，我不能提供实时信息，也无法查找未来的事件或航班信息。如果您有关于明天的飞机的问题，则建议您直接联系航空公司或在其官方网站上查找相关信息。您还可以通过提供航班号码、日期和航空公司的客户服务联系方式，以获取最准确的信息。祝您一路顺风！

【示例 3-14】

音频输入交互示例，如图 3-18 所示。

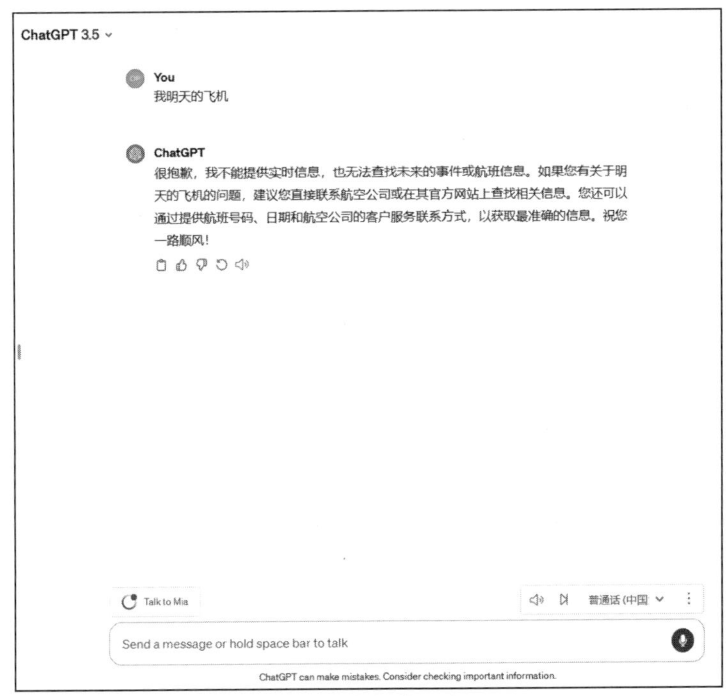

图 3-18 音频输入交互

通过提供音频或文本输入的选项，用户可以在不同情境下选择最适合自己的沟通方式，增强了对话体验的便捷性和舒适度。无论是在通勤路上，还是在图书馆等需要安静的场合，用户都可以灵活地选择他们偏好的方式来与 ChatGPT 进行互动。

11. 其他定制设置

ChatGPT 的其他定制设置项允许用户按照自己的需要调整更多的个性化选项。以下是一些可自定义功能的说明及示例。

1）主题定制

用户可以改变聊天界面的主题色彩、背景图案等。例如，用户可以选择一个深色模式以减少对眼睛的压力，或者选择一幅喜欢的背景，以增加对话的愉悦感，如图 3-19 所示。

2）语速调节（对于音频输出的 ChatGPT）

用户可以调整 ChatGPT 声音输出的语速，快速浏览信息，或者慢速听取以便更好地进行理解。例如，如果用户是非母语者，则可能希望减慢语速以便更好地进行理解。

3）语音音调调节（对于音频输出的 ChatGPT）

用户可选择不同的语音音调，使其听起来更加愉快、严肃或自然，例如，如果用户希望对话听起来更友好，则可以选择一个更明亮的音调。

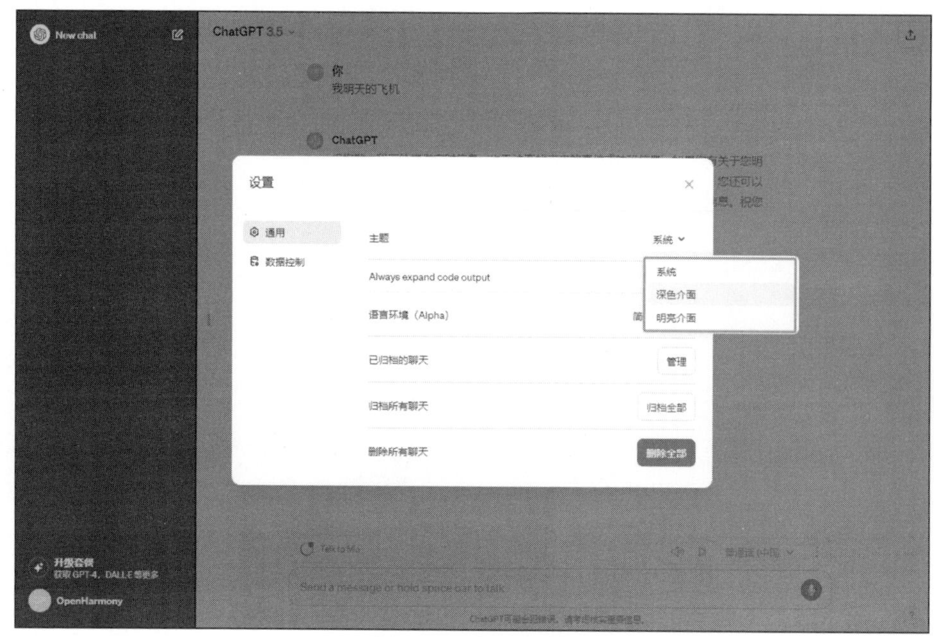

图 3-19　主题定制

【示例 3-15】

1）用户设置主题定制的交互

用户通过设置界面选择深色模式，并将背景设置为宁静的夜空图案。用户在愉悦的新界面中对话，这样的自定义主题使体验更加个性化和舒适。

2）用户调节语速的场景

用户设置：请慢一点说，我理解得比较慢。

ChatGPT 会以用户设定的较慢语速回复音频信息。

3）用户调节语音音调的示例

用户设置：我想听一个更加活泼的声音。

ChatGPT 在回复时会使用更加活泼明亮的音调。

个性化的定制选项允许用户针对个人喜好或专项需求，细化与 ChatGPT 的互动方式，这确保用户享受到更为满足和愉悦的体验。无论是对视觉元素的偏好调整，还是对听觉反馈的个性化需求，ChatGPT 的设置选项均能够提供合适的调整方案。

通过这些定制功能，用户能够使 ChatGPT 更精准地服务于个人偏好，进而获得更加个性化、定制化的服务体验。这些调整提升了对话质量与效率，并且加强了用户与 ChatGPT 之间的互动。随着技术的发展，这些个性化功能将持续变得更加智能、更易调整，从而为用户带来越来越多的定制化体验。

3.2.2 聊天语境与角色设定

在 ChatGPT 中，聊天语境和角色设定是指为对话设置特定的语境和角色，以使对话更加具有情景感和真实感。通过设定不同的语境和角色，可以模拟不同场景下的对话，使 ChatGPT 回答问题更加贴近特定情境和角色身份。这样的设定能够提供更加个性化和富有趣味性的对话体验。以下是对聊天语境和角色设定的详细介绍。

1. 聊天语境

在编写聊天语境的内容时，对话语境设定、对话场景设定、故事情节构建和色彩元素引入都是重要的组成部分。以下细分具体的例子，帮助理解如何使用这些元素来构建具有吸引力的聊天语境。

1）对话语境设定

语境是对话的环境或场景，塑造对话的主题和方向。通过为 ChatGPT 设定具体的对话语境，可以使回答在特定场景下更加连贯和有意义。

（1）若设定在科研实验室，用户问及科研相关问题，如“显微镜怎样使用?”“实验数据怎样分析?”在此语境，ChatGPT 能提供精确的科学研究操作步骤和技巧，或分享相关知识。

（2）若聊天背景为历史事件，用户可能询问：“该战役影响何在?”“历史上这位人物的角色何在?”此时，ChatGPT 可详细阐释历史背景与影响，以及历史人物的身份与贡献。

（3）若对话发生在奇幻世界内，如同奇幻小说场景，用户问：“这世界规则为何?”“角色特殊能力为何?”此种语境下，ChatGPT 依据所给幻想背景，能创造出富有想象的回应。

这样的对话语境设定，使 ChatGPT 的应答更专注且更具场景性。

2）对话场景设定

创建对话场景是为交谈打造的特定的背景。设立特定场景可以仿真真实世界的交流氛围，让 ChatGPT 根据不同的场合给出响应。以下是一些场景示例：

（1）如果场景是图书馆，用户则可能会提问：“我该如何选择一本有助于个人发展的书?”或者“你能推荐一些好书给我吗?”在此情境下，ChatGPT 能够提供如何挑选图书、如何阅读图书，或分享推荐书籍列表。

（2）当场景为咖啡馆时，用户可能会问：“你推荐哪种咖啡?”或者“能介绍几种特色咖啡吗?”在这种环境中，ChatGPT 可以分享关于不同咖啡的知识，并可以推荐特色咖啡。

（3）若对话设置在医院内，用户可能表达：“我感到很紧张，如何是好?”或“有没有缓解疼痛的办法?”在这个场景中，ChatGPT 能提供心理安慰，给出缓解紧张和疼痛的方法及建议。

通过设置这样的聊天场景，我们能够模拟出真实感对话环境，让 ChatGPT 的答复更显场景化，使用户体验更逼真且增添趣味。

3）故事情节构建

构建故事情节意味着为交谈提出一条连贯的叙事轨迹。依此方法，ChatGPT 便能在既定的故事情节中给出答案，令对话显得更富趣味性与吸引力。具体示例包括以下几种。

(1) 假定设定为一段冒险旅程,用户可能会询问:"我们接下来该去哪?"或"我们怎样解开这一谜题?"在这种情节中,ChatGPT 能够基于冒险主题提供行动建议或解题方案,让对话更加激动人心。

(2) 若场景是一桩侦探案件,用户或许会提问:"你觉得罪犯可能是谁?"或"你找到了哪些线索?"此环境下,ChatGPT 可以模拟侦探的思考过程,分析线索,推理嫌犯身份等相关话题。

(3) 同样,如果故事背景是一段罗曼史,则用户可能会问:"怎样才能博得他/她的芳心?"或"我应如何表白?"作为爱情故事中的一员,ChatGPT 可以提供关于浪漫追求和表白技巧的意见。

通过为 ChatGPT 设定具体的故事情节,我们能够使其回答变得更吸引人,提升对话的叙事感和戏剧性。

4) 色彩元素引入

在交谈中引入色彩元素,可以用以营造特定的情绪和环境。不同的色彩搭配能赋予对话更多感情色彩和表现力。以下是一些色彩搭配的应用示例:

(1) 我们可将对话的色调设为欢快,以迎合喜庆场合。例如,用户说:"今天是我的生日,我们举办个派对吧!"ChatGPT 或许会回应:"太好了,祝你生日快乐! 你喜欢哪种派对主题? 是充满活力的热带果岭风,还是璀璨夺目的银河星空呢?"

(2) 如果我们将色彩氛围设定为温馨浪漫,则用户可能会提问:"这是我的第 1 次约会,我有点紧张,有何建议?"ChatGPT 可以这样建议:"放松些,真诚做自己最重要。别忘了对方可能也有同样的紧张感。有何约会计划呢? 一家温馨的咖啡店或许是个理想的选择。"

(3) 当设定沉浸在悲伤的色彩之中时,用户说:"我觉得很失落,不知道接下来该怎么办。"那么,ChatGPT 可以提供安慰和支持,例如"看来你正在经历一段艰难时期。记得,有时认识到自己的感受并愿意与人分享,就是前进的第 1 步。当你准备好了,也许可以聊聊,看一看有什么是你想要改变的。"

通过细腻地调整对话中的色彩,我们能够创造符合用户情绪和场景的聊天体验,使对话充满情感和表现力。通过这样的方法,可以设定出一个让用户感到投入并乐于参与的聊天环境,从而提高聊天体验,满足用户的不同需求。

2. 角色设定

角色设定是聊天体验的核心要素之一,让用户可以通过赋予 ChatGPT 一个特定角色来塑造对话的方向和内容。根据角色的不同特点和专业知识,ChatGPT 将适应相应的行为和回答方式。下面是一些具体角色设置的说明和示例。

1) 科学家

当 ChatGPT 扮演科学家时,它会提供基于数据和实验的客观答案,应用专业术语和方法。

【示例 3-16】

(1) 用户询问:全球变暖的主要原因是什么?

(2) ChatGPT 回答(作为科学家):全球变暖的主要原因是温室气体的排放增加,尤其是由于燃烧化石燃料产生的二氧化碳。这些温室气体在大气中形成一层屏障,捕获太阳辐射产生的热量,导致地球的平均温度上升。

2) 作家

作为作家,ChatGPT 的回答会有创意和表达性,使用细节丰富的描述和文学化的语言。

【示例 3-17】

(1) 用户询问:你怎样看待爱情?

(2) ChatGPT 回答(作为作家):爱情是心灵的诗歌,是在凡人的胸膛里跳动的永恒旋律。它就像一束光,穿过云层,温暖而明亮,让我们的日子充满色彩,即使在最寂静的时刻,也能听到其低语。

3) 教师

扮演教师角色的 ChatGPT,注重教育和解释,确保用户理解复杂概念。

【示例 3-18】

(1) 用户询问:相对论是什么?

(2) ChatGPT 回答(作为教师):相对论是爱因斯坦提出的理论,它包括狭义相对论和广义相对论。简单来讲,狭义相对论讨论的是没有重力效应时速度接近光速的物体,而广义相对论则将重力纳入考虑,描述重力如何影响空间和时间的弯曲。

4) 程序员

作为程序员,ChatGPT 会提供技术性的答案,使用编程语言和开发概念。

【示例 3-19】

(1) 用户询问:如何优化网站的加载速度?

(2) ChatGPT 回答(作为程序员):优化网站加载速度,可以从多个角度进行。例如,减少 HTTP 请求,利用 CDN 分发资源;对图片和视频进行压缩;启用浏览器缓存;利用异步加载 JavaScript 脚本;通过数据库优化减少服务器响应时间;检查并整理 CSS 和 JavaScript 等。通过这样的技术手段,可以显著地提高网页的响应速度和用户体验。

每个角色都带有一套预设的知识和表达方式,允许 ChatGPT 以一种特定的视角和专业知识与用户进行互动。这种角色扮演不仅让对话变得更加有趣和吸引人,而且可以帮助用户以一种新颖和教育性的方式了解复杂或专业的主题。

不管是设置具体的聊天场景还是构建不同的角色形象,这些方法都让 ChatGPT 的对话加强了与现实的契合度和情感联结,同时使对话内容更加有趣和充满新意,令人沟通更加轻松自在。这些细节的营造,为用户提供了更为个性化和丰富的体验。

第 4 章 ChatGPT 免费工具大揭秘

本章将详尽探讨一系列免费的 ChatGPT 工具和平台，它们以不同形式为用户提供聊天机器人的强大功能。本章将依据工具的类型进行分类，并介绍它们的特点、优势及适用场景。

4.1 网络浏览器 ChatGPT 插件

网络浏览器 ChatGPT 插件使用户能够在浏览互联网的同时充分利用 ChatGPT 的语言理解和生成能力。这些插件可以显著地提高用户在处理邮件、编写文档和搜索信息等日常任务时的效率。下面详细介绍 ChatGPT 插件的搜索、安装和管理。

4.1.1 安装 ChatGPT 插件

1. 打开浏览器插件商店

在 Microsoft Edge 浏览器中可以访问 Edge 加载项，如图 4-1 所示。

图 4-1　Edge 加载项

在 Chrome 浏览器中可以访问 chrome 应用商店，如图 4-2 所示。

图 4-2　chrome 应用商店

在 Firefox 浏览器中可以访问 Firefox Add-ons 页面。Safari 浏览器中可以打开 App Store 并搜索 Safari 扩展。

2. 搜索插件

在搜索栏输入 chatgpt，或者具体的插件名称（如果已知），如图 4-3 所示。

图 4-3　搜索 ChatGPT 插件

浏览搜索结果，阅读插件的功能描述、用户评价和权限要求，确保插件符合需求。

3. 安装插件

对所选插件进行安装，不同的浏览器，安装方法和步骤不同，例如对于 Edge 浏览器，可单击“获取”按钮进行安装，如图 4-4 所示。

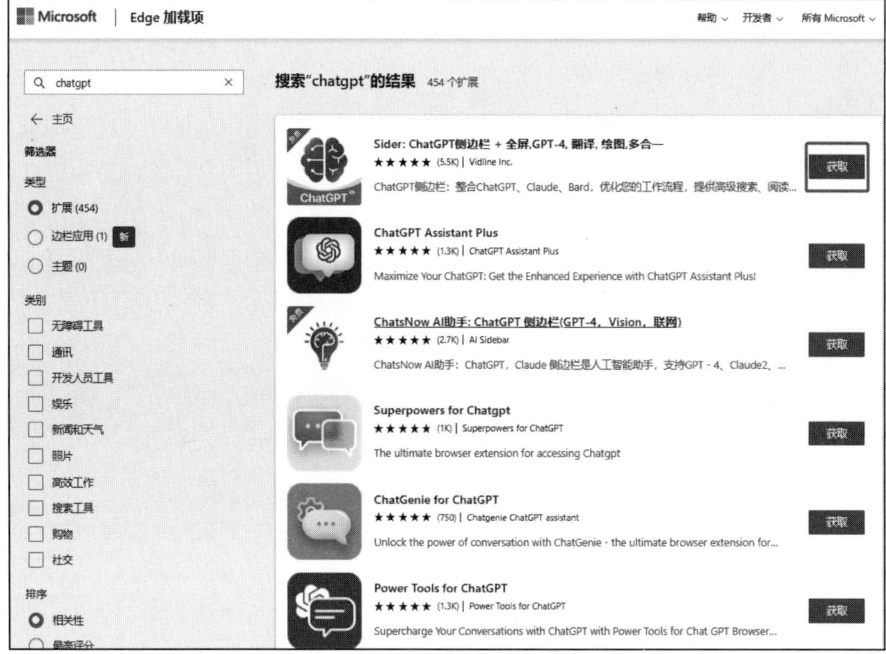

图 4-4　为 Edge 浏览器安装插件

对于 Chrome 浏览器，可单击“添加至 Chrome”按钮进行安装，如图 4-5 所示。

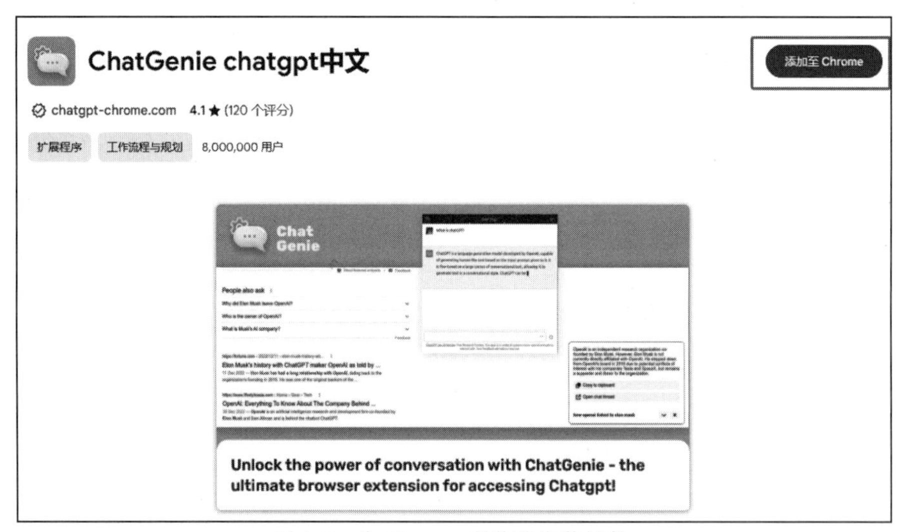

图 4-5　为 Chrome 浏览器安装插件

对于 Firefox 浏览器，可单击 Add to Firefox 按钮；对于 Safari 浏览器，可单击“获取”按钮进行安装。

在浏览器插件的安装过程中，可能需要根据浏览器提示进行确认并授予插件必要的权限，如图 4-6 所示。

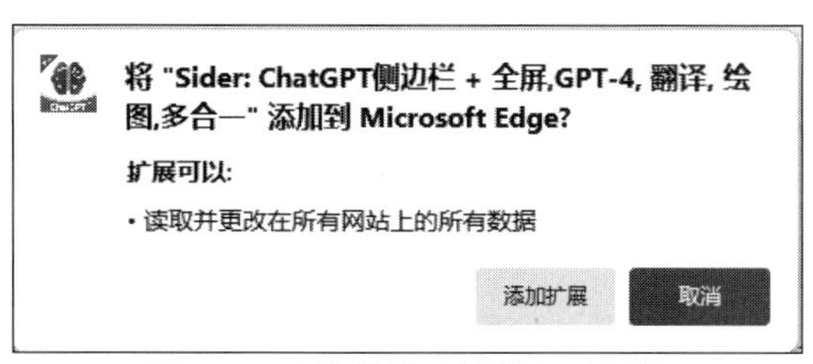

图 4-6　确认并授予插件必要权限

4. 管理已安装的插件

可以在浏览器中查看和管理已安装的插件，方法通常在浏览器的设置或扩展管理页面中，如图 4-7 所示。

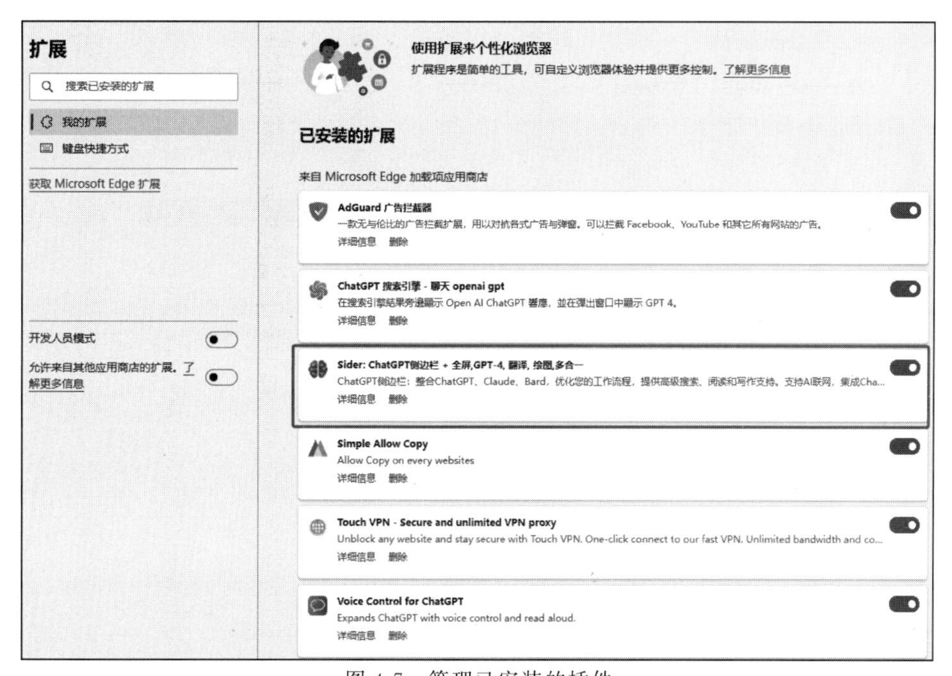

图 4-7　管理已安装的插件

在此，用户可以启用或禁用插件，或进一步调整设置，如图 4-8 所示。

图 4-8　启用或禁用插件

4.1.2 使用 ChatGPT 插件

1. 显示插件

安装完成后，一般不会在浏览器工具栏上显示插件图标，需要单击用于显示的按钮，如图 4-9 所示。

单击用于显示的按钮后，会在浏览器工具栏上显示插件的图标，如图 4-10 所示。

图 4-9 设置显示插件图标

图 4-10 插件图标在工具栏显示

2. 进行配置(可选)

部分插件可能需要进行初次设置，如选择语言偏好、设定热键等。如果需要登录认证，可按指示完成账号绑定或注册过程，如图 4-11 所示。

登录成功后，可以进入 Sider 插件聊天页面，如图 4-12 所示。

图 4-11 插件登录页面

3. 功能使用

在使用聊天功能之前，可以根据提供的模型列表选择合适的模型，如免费模型 GPT-3.5 Turbo，如图 4-13 所示。

选择模型后，可以开始执行任务，如聊天、写作、翻译、提问等，如图 4-14 所示。

图 4-12　Sider 插件聊天页面

图 4-13　选择模型

大多数插件会提供一个输入框，可以在其中直接与 ChatGPT 对话，或者它们会自动对网页内容进行处理，如图 4-15 所示。

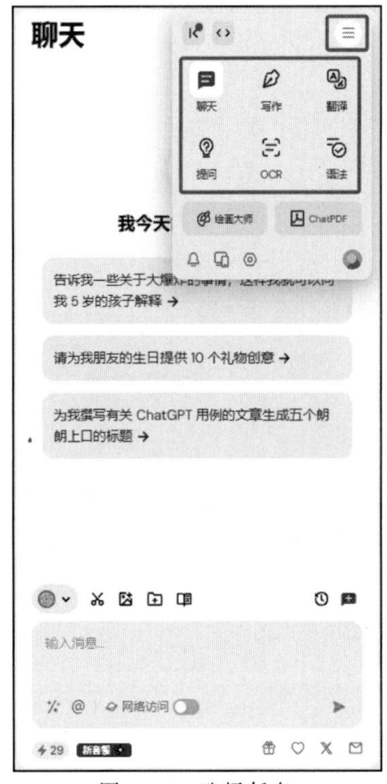

图 4-14 选择任务

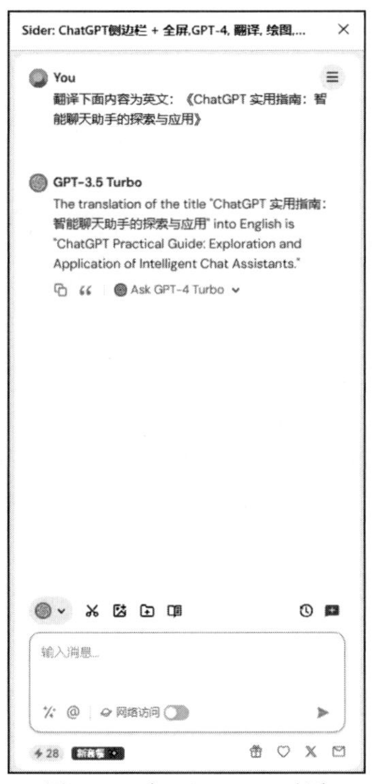

图 4-15 与 ChatGPT 对话

4.1.3 插件更新和维护

在使用网络浏览器 ChatGPT 插件的过程中，插件的持续更新和维护是保障插件正常运作和安全的关键。以下是插件更新和维护的具体步骤和建议。

1. 定期检查插件更新

(1) 自动更新设置。大多数现代浏览器会默认开启插件的自动更新功能。启用浏览器设置中的"自动更新"功能，以确保插件总是最新版本。

(2) 手动检查更新。即使启用了自动更新功能，偶尔手动检查插件是否有更新版本也是一个好习惯。在浏览器的扩展或插件管理页面常常可以找到"检查更新"按钮。

(3) 关注开发者通知。订阅开发者的邮件列表或社交媒体更新，了解最新的插件信息和更新通知。

2. 维护和问题解决

(1) 重新加载插件。当插件出现问题时，有时重新加载插件可以解决问题。在浏览器的插件设置页中，可以找到重新加载或禁用再启用的选项。

(2) 重新安装插件。如果问题持续存在，则可尝试卸载插件，然后重新从插件商店进行安装。这会清除可能导致出现问题的任何旧数据。

(3) 查看 FAQ。开发人员通常会在插件的官方网站或商店页面提供常见问题解答

(FAQ)。在求助技术支持前,不妨先查看这些资源,可能会找到快速的解决方案。

(4) 使用插件的帮助功能。某些插件可能内置了帮助或反馈功能,通过这些功能可以直接向开发团队报告问题或寻求帮助。

(5) 技术支持与社区论坛。对于更复杂的问题,可能需要联络插件的技术支持或访问社区论坛来寻求解决方案。在咨询中提供详细的问题描述和截图等将有助于问题的快速解决。

(6) 备份个性化设置。有时,升级或重新安装插件可能会导致丢失个性化设置。定期备份这些设置可以在发生问题时快速恢复工作环境。

通过上述方法保持插件的更新和维护,用户不仅可以享受插件的最新功能,还可以确保插件的稳定性和安全性。记住,一个优秀的插件需要用户和开发者的共同努力来维持其最佳性能。

4.2　集成开发环境的 ChatGPT 插件

随着编程任务变得越来越复杂,为了提升集成开发环境(IDE)中插件的开发效率,提供了新的解决方案。特别是集成了 ChatGPT 技术的插件,它们通过提供智能编程助理功能来简化开发者的工作流程。在此,以 Visual Studio Code(VS Code)为例,详细介绍如何在这个广受欢迎的 IDE 中安装和使用 ChatGPT 插件。

4.2.1　安装 ChatGPT 插件

1. 打开 VS Code

在桌面双击 VS Code 图标,启动 Visual Studio Code 集成开发工具,如图 4-16 所示。

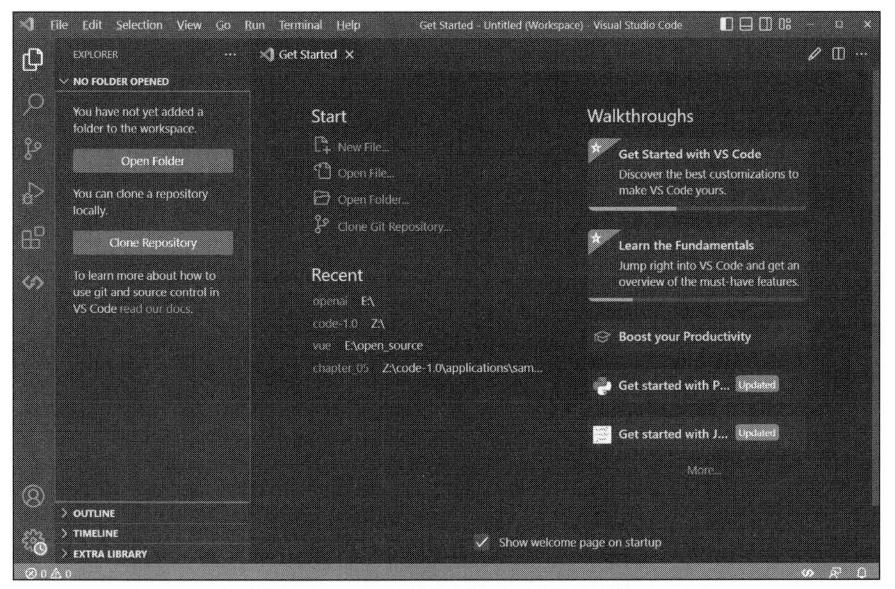

图 4-16　Visual Studio Code 工具界面

2. 访问插件市场

使用组合键 Ctrl+Shift+X 或单击左侧工具栏的扩展图标访问 VS Code 的插件市场，如图 4-17 所示。

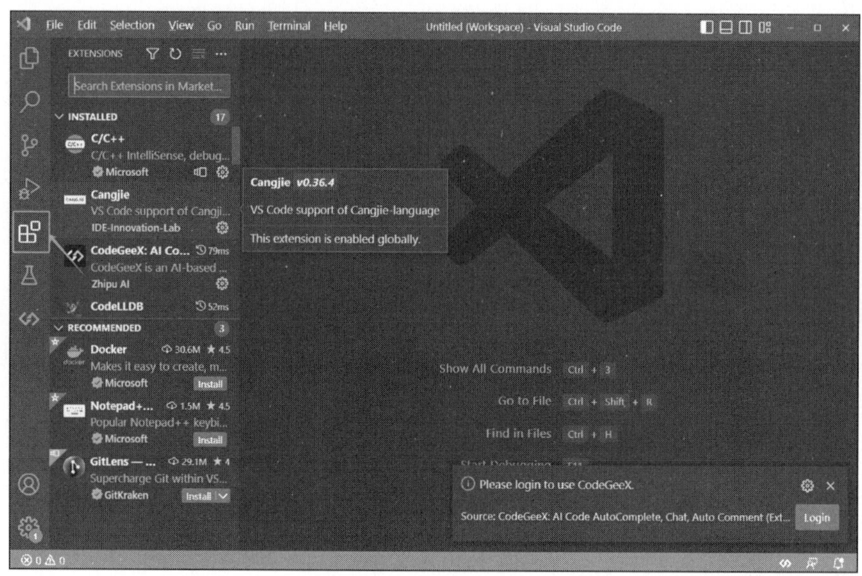

图 4-17　访问插件市场

3. 搜索 ChatGPT 插件

在插件市场的搜索框中输入 chatgpt，浏览搜索结果，找到需要的 ChatGPT 插件，如图 4-18 所示。

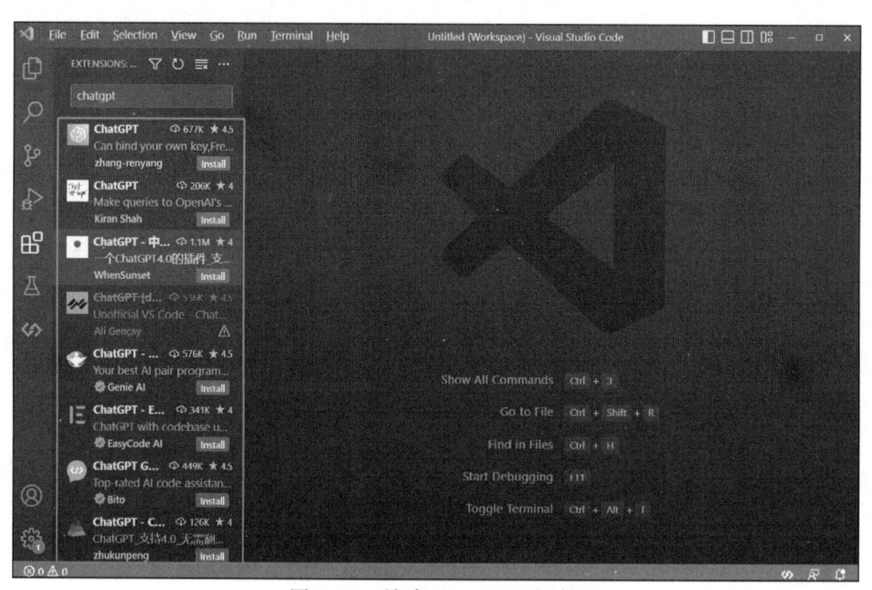

图 4-18　搜索 ChatGPT 插件

4. 选择和安装插件

（1）单击 ChatGPT 插件，查看详细信息，确保符合要求，如图 4-19 所示。

图 4-19　查看插件信息

（2）单击 Install 按钮，安装插件，如图 4-20 所示。

图 4-20　安装插件

(3) 安装成功后,在左侧工具栏会看到对应的 ChatGPT 插件图标,如图 4-21 所示。

图 4-21 工具栏显示 ChatGPT 插件图标

5. 配置插件(如有必要)

部分 ChatGPT 插件可能还需要额外的配置,如 API 密钥或特定的设置。按照插件文档中的说明完成配置。

4.2.2 使用 ChatGPT 插件

1. 插件激活

方法一:单击工具栏中的 ChatGPT 图标以激活插件,如图 4-22 所示。

方法二:选择代码右击,启动 ChatGPT 插件,如图 4-23 所示。

2. 使用 ChatGPT 插件编写代码

使用 ChatGPT 生成指定的代码,如何使用 Python 语言编写一个 Hello World 程序,如图 4-24 所示。

3. 调试和解决问题

当遇到错误或需要建议时,可以询问 ChatGPT 插件以获得帮助。ChatGPT 可以基于给定的代码片段和问题描述生成解决方案。

如在学习 C 语言指针时容易出现空指针问题,当出现此问题时,就可以得到 ChatGPT 的帮助。如问 ChatGPT:下面是 C 语言程序,为什么运行报错?

```
Char *p;
p[0] =a;
printf("%s\r\n",p);
```

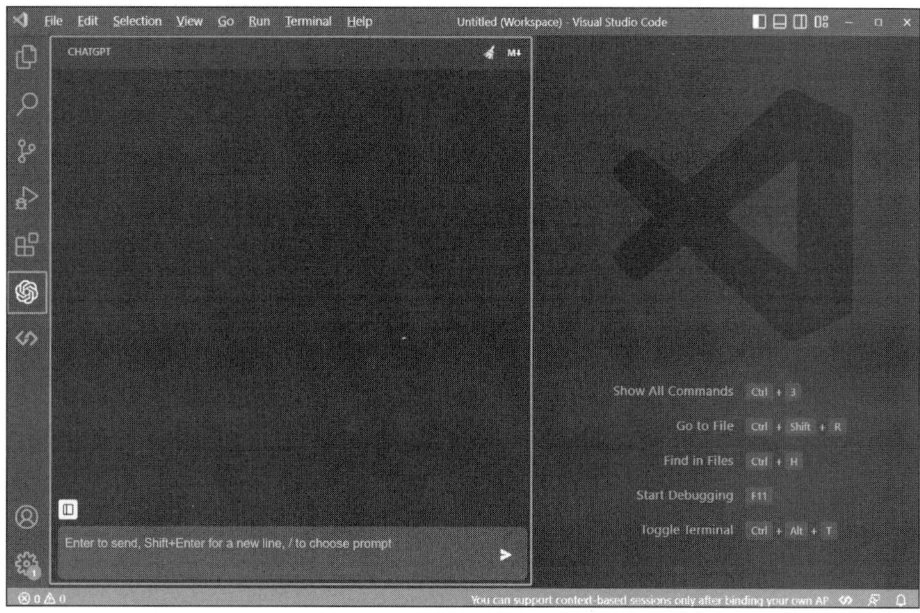

图 4-22　激活 ChatGPT 插件

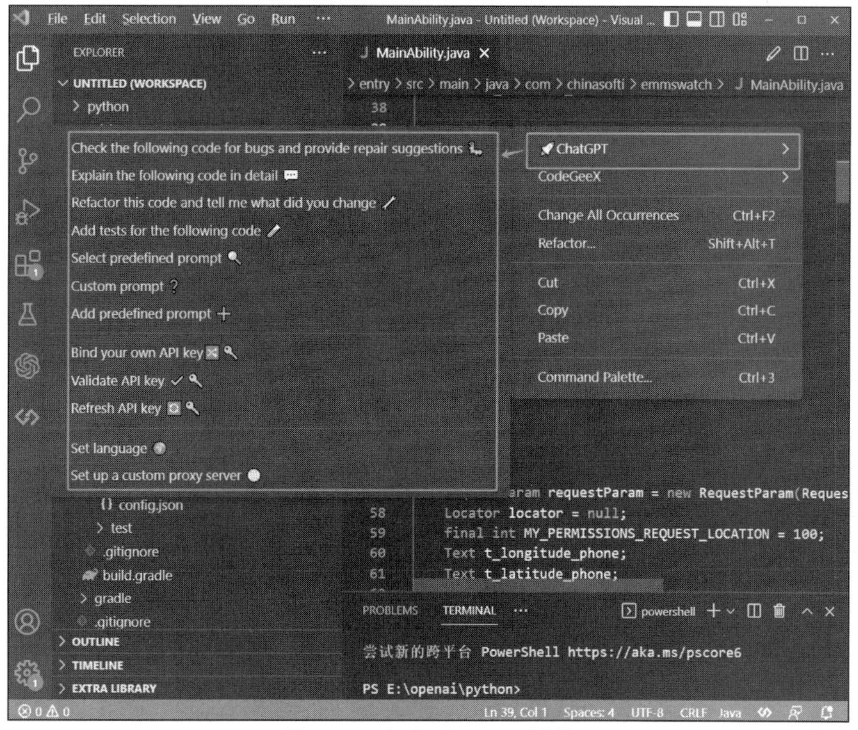

图 4-23　启动 ChatGPT 插件

File Edit Selection View Go Run Terminal Help
Untitled (Workspace) - Visual Studio Code
CHATGPT
You
如何使用Python语言编写一个Hello World程序
ChatGPT
当你使用Python编写一个Hello World程序时，你需要使用print函数来输出信息。下面是一个简单的例子：
python
print("Hello World!")
在这个例子中，我们使用print函数来打印出字符串"Hello World!"。当你运行这个程序时，它会在控制台上输出Hello World!。
值得注意的是，Python是一种解释性语言，所以你可以直接执行代码而不需要显式地编译它。只需将代码保存为以.py为扩展名的文件，然后在命令行中运行python your_file.py即可执行它。
Show All Commands
Go to File
Find in Files
Start Debugging
Toggle Terminal
Enter to send, Shift+Enter for a new line, / to choose prompt

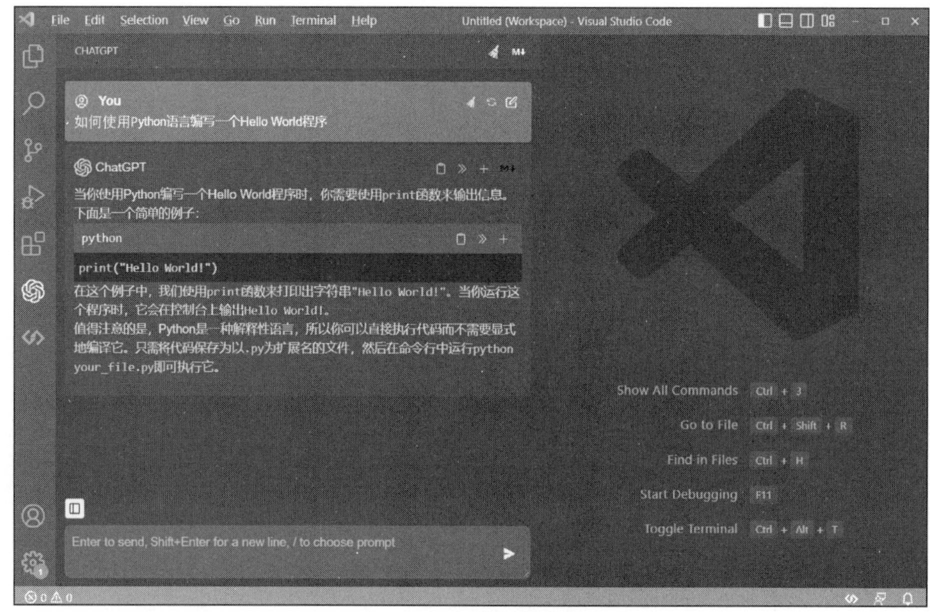

图 4-24　生成指定代码

ChatGPT 会对代码进行分析并给出完整代码，如图 4-25 所示。

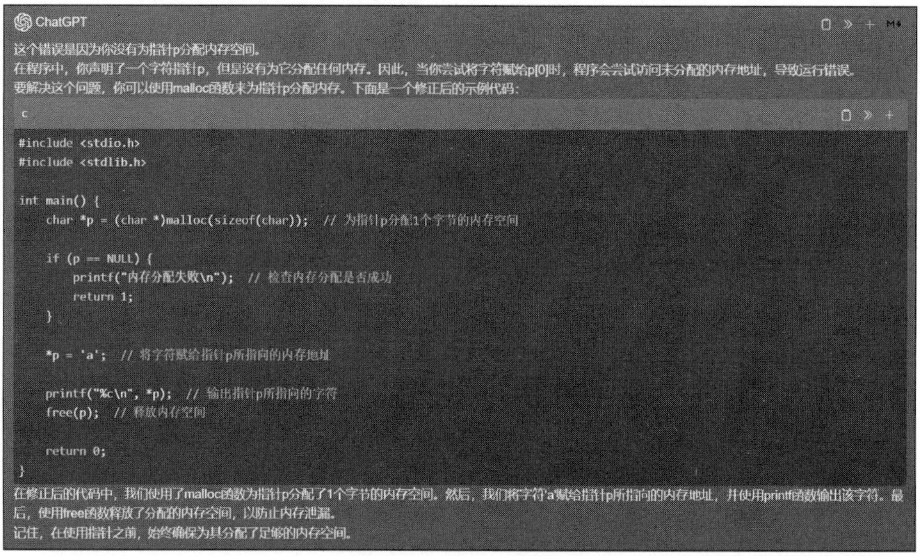

ChatGPT
这个错误是因为你没有为指针p分配内存空间。
在程序中，你声明了一个字符指针p，但是没有为它分配任何内存。因此，当你尝试将字符赋给p[0]时，程序会尝试访问未分配的内存地址，导致运行错误。
要解决这个问题，你可以使用malloc函数来为指针p分配内存。下面是一个修正后的示例代码：
c
#include <stdio.h>
#include <stdlib.h>
int main() {
char *p = (char *)malloc(sizeof(char)); // 为指针p分配1个字节的内存空间
if (p == NULL) {
printf("内存分配失败\n"); // 检查内存分配是否成功
return 1;
}
*p = 'a'; // 将字符赋给指针p所指向的内存地址
printf("%c\n", *p); // 输出指针p所指向的字符
free(p); // 释放内存空间
return 0;
}
在修正后的代码中，我们使用了malloc函数为指针p分配了1个字节的内存空间。然后，我们将字符'a'赋给指针p所指向的内存地址，并使用printf函数输出该字符。最后，使用free函数释放了分配的内存空间，以防止内存泄漏。
记住，在使用指针之前，始终确保为其分配了足够的内存空间。

图 4-25　代码分析及修改

4. 优化代码

利用 ChatGPT 可以轻松地优化现有代码。具体操作方法有如下两种。

(1) 对话方式。在代码编辑器内直接选中并复制希望优化的代码段，然后要求

ChatGPT 对代码进行分析并提出优化建议，如图 4-26 所示。

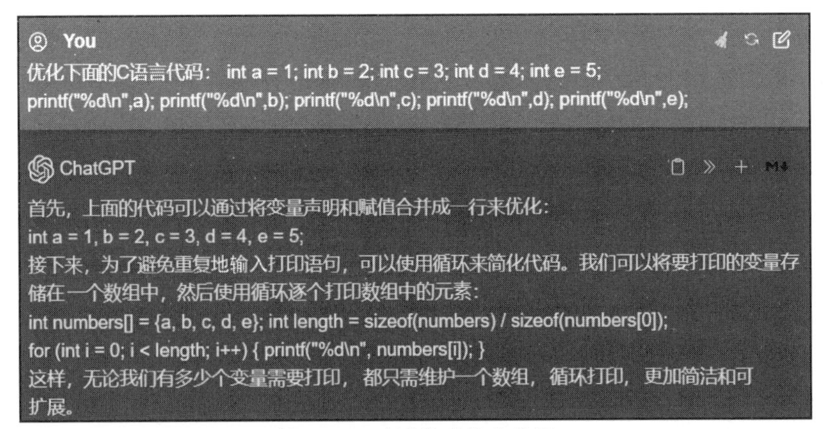

图 4-26　对话方式优化代码

（2）插件方式。打开源码文件，右击并执行 ChatGPT→Check the following code for bugs and provide repair suggestions 命令，如图 4-27 所示。

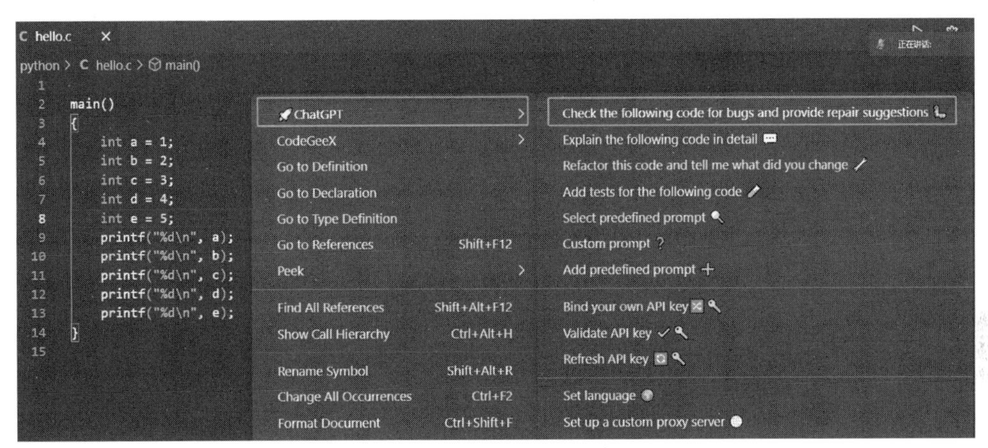

图 4-27　插件方式优化代码

5. 获取文档和解释

当对代码库中的某个特定函数或类的工作原理感到好奇或疑惑时，只需简单地请求 ChatGPT 帮助，就可以详细阐述所选代码的功能和用途，如图 4-28 所示。

通过有效利用 ChatGPT 插件获取这些即时解释和文档，开发者不仅能加深对现有代码的理解，还可以显著地提高编写和维护代码的效率。这项技术随着时间的推移正逐渐演变成开发者在软件开发过程中信赖的助手。

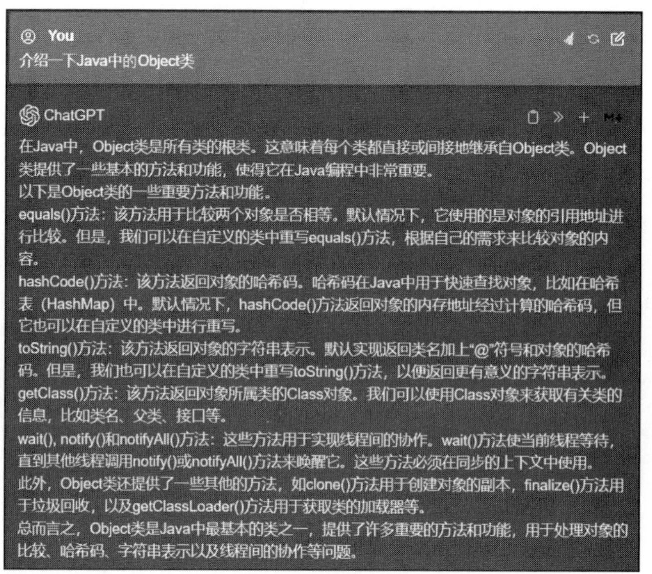

图 4-28　获取解释文档

4.3　免费的 ChatGPT 软件应用

无论是在桌面操作系统还是移动设备上，各大应用市场都提供了一系列利用 ChatGPT 技术的应用程序，这些程序能够帮助用户提高工作效率、学习新技能或进行日常管理任务。本节将详细介绍用户如何从 Microsoft Store、苹果 App Store 及 Android 应用商店中获取免费的 ChatGPT 应用软件。

1. 在 Microsoft Store 中搜索和下载应用

（1）单击 Windows 操作系统开始菜单上的 Microsoft Store 图标，打开 Microsoft Store 如图 4-29 所示。

（2）在 Microsoft Store 的搜索框中输入 chatgpt，如图 4-30 所示。

（3）选择感兴趣的应用，然后单击“安装”按钮进行下载和安装，如图 4-31 所示。

（4）应用的运行效果如图 4-32 所示。

2. 在苹果 App Store 中获取应用

（1）在苹果设备上打开 App Store。

（2）使用底部的搜索功能，输入 chatgpt 进行查询。

（3）浏览搜索结果，选择合适的应用，然后单击“下载”图标便可安装到设备上。

3. 在 Android 应用商店下载

（1）在 Android 设备上，打开 Google Play 商店或选择任何其他安卓应用商店。

（2）利用搜索工具栏，输入 chatgpt 并进行搜索。

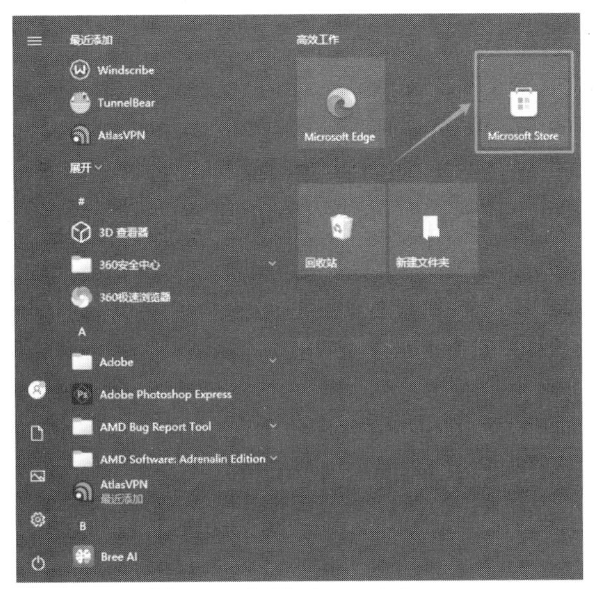

图 4-29　打开 Microsoft Store

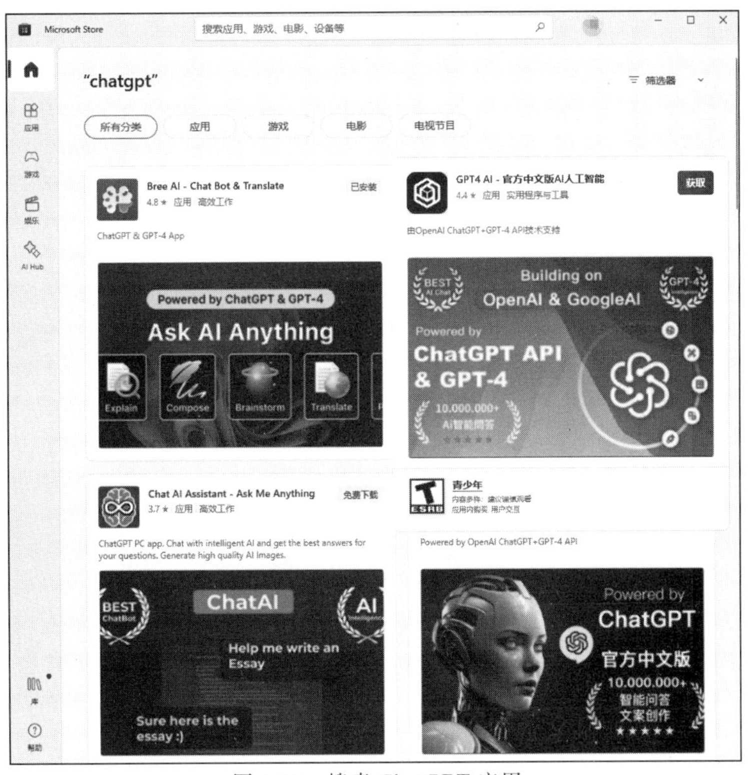

图 4-30　搜索 ChatGPT 应用

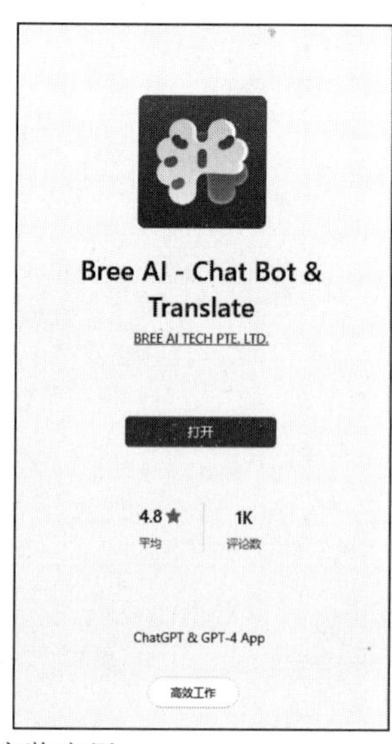

图 4-31　安装应用

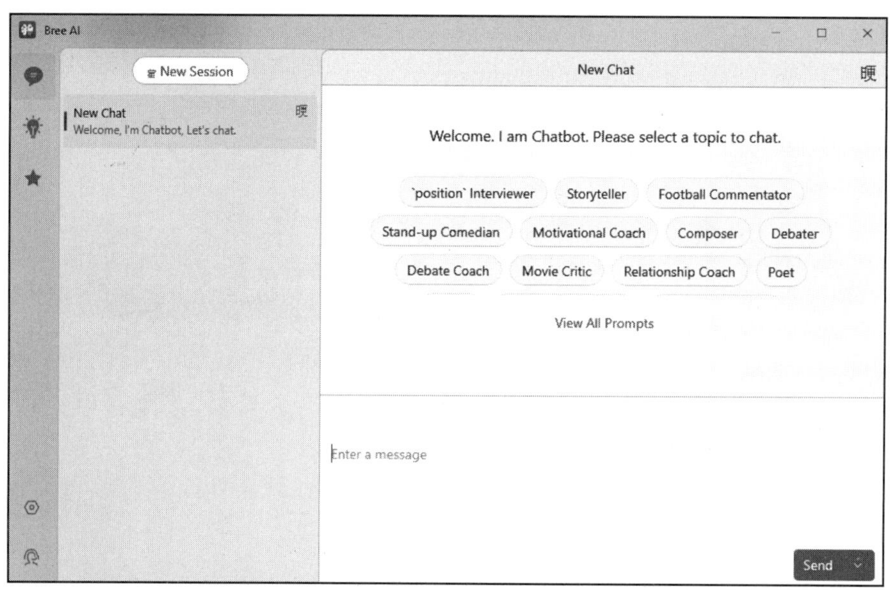

图 4-32　运行应用

(3) 查看应用列表,选择一个可以满足需要的应用进行下载并按照提示进行安装。

通过以上细致的指导,读者能够轻松地探索和发现融合了 ChatGPT 技术的各种应用程序。这些应用程序不仅提供了直观易懂的用户界面,而且配备了一系列强大功能,旨在极大地提升用户在处理日常任务和工作时的效率。无论是管理电子邮件,编写文档,还是进行复杂的数据分析,集成了 ChatGPT 技术的应用都能帮助用户简化步骤、节省时间,从而实现一个更智能、更高效的数字工作环境。

4.4　ChatGPT 免费在线平台

本节将以通俗易懂的方式向读者展示 Coze 平台的魅力。Coze 是一个新兴的免费在线平台，集成了 ChatGPT 的智能聊天机器人功能，让用户能感受到像即时通信一般的智能体验，并体验到丰富多样的角色对话乐趣，如图 4-33 所示。

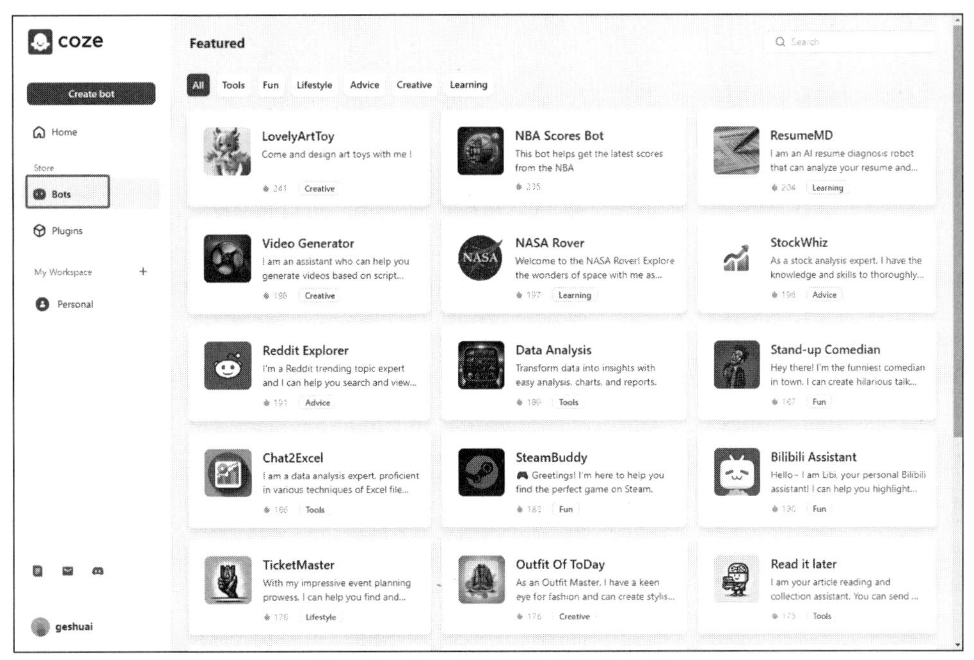

图 4-33　Coze 的多样化机器人角色

Coze 是字节跳动针对海外市场推出的一款人工智能聊天机器人及应用程序开发平台。这个平台通过其扩展性插件和强大的构建功能，展现出与字节跳动旗下产品类似的 GPT 样式魅力。无论读者是否具备编程背景，都可在 Coze 平台上轻松创建聊天机器人，并将其部署到各种社交媒体平台或即时通信应用中，如图 4-34 所示。

特别值得注意的是，Coze 提供了丰富的插件、知识库、工作流程、长期记忆和定时任务等多种功能，这些功能大大增强了聊天机器人的交互性和多功能性。借助 Coze，读者将能够感受科技与交流的完美结合，体验前所未有的聊天乐趣，如图 4-35 所示。

Coze 作为字节跳动推出的平台，具有以下几个显著特点：

（1）Coze 常被视作字节跳动对标 GPT、Copilot Studio 的人工智能产品。

（2）国内用户可能会因地域限制，导致无法直接使用 Coze 的服务，系统会显示“服务在该地区不可用”的提示。

（3）该平台目前能够支持用户使用 GPT-3.5（16K 版本）和 GPT-4（8K 版本）模型创建聊天机器人。

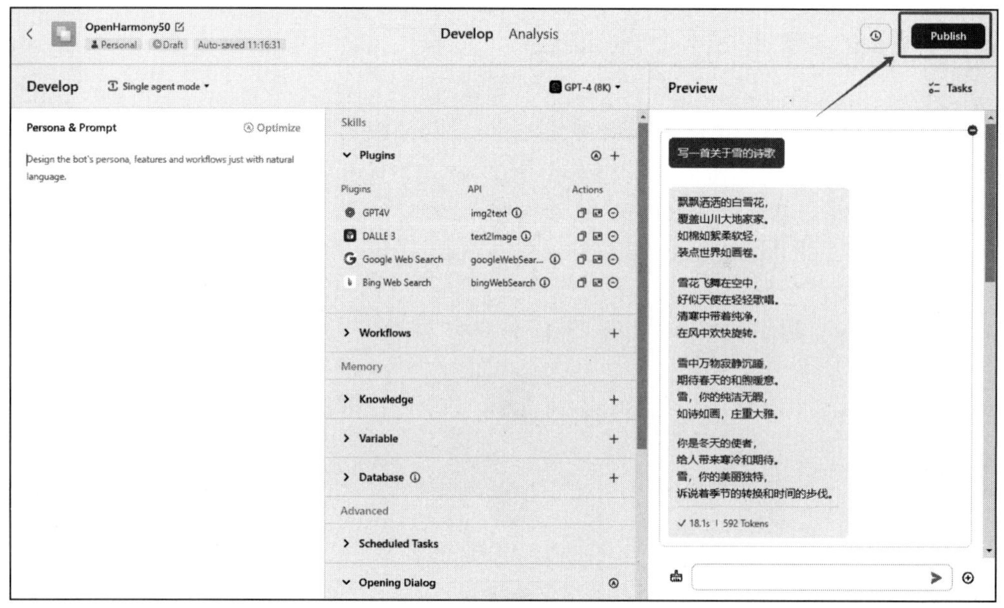

图 4-34　部署聊天机器人

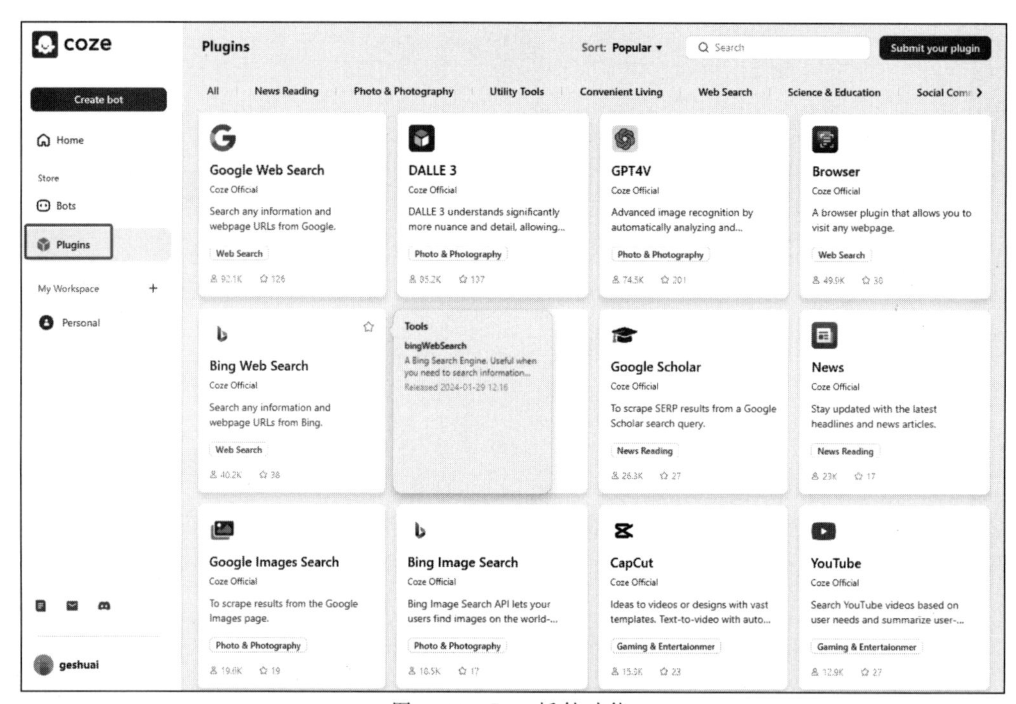

图 4-35　Coze 插件功能

(4) Coze 现阶段处于免费开放状态，不仅支持 GPT-4 模型，同时支持 DALLE3 和 GPT4V 等插件。

(5) 用户可将通过 Coze 创建的聊天机器人发布到 Discord、Telegram 和 Cici 等平台，而且计划未来还会支持 WhatsApp 和 Twitter 等社交平台。对于具有实际操作技术的用户，同样可以将其接入 WeChat 中。

下面重点讲解自定义机器人创建及使用。

1. 创建机器人

(1) 单击左上角的 Create bot 按钮，在 Bot name 文本框输入 OpenHarmony50，单击 Confirm 按钮，创建名为 OpenHarmony50 的机器人，如图 4-36 所示。

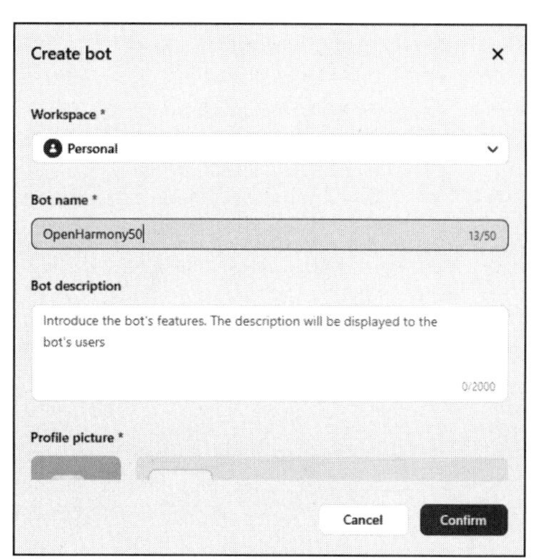

图 4-36　创建机器人

(2) 创建成功后，进入机器人功能页面，该页面为左中右三栏布局：左侧栏为提示词/命令，中间栏为模型设置，主要用于扩展机器人功能的工具区，右侧为交互预览，这是在机器人上线之前对其进行测试的区域，如图 4-37 所示。

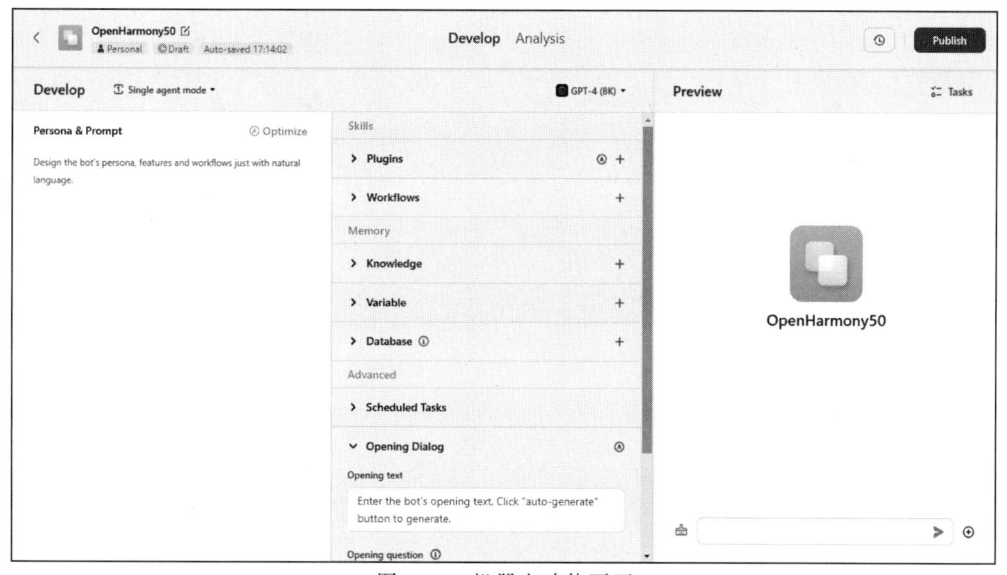

图 4-37　机器人功能页面

2. 添加机器人插件

(1) 单击添加插件的图标“+”，进入插件添加页面，如图 4-38 所示。

(2) 单击插件中的 Add 按钮，添加该插件，如图 4-39 所示。

(3) 添加插件后，插件会在 Plugins 中显示，如图 4-40 所示。

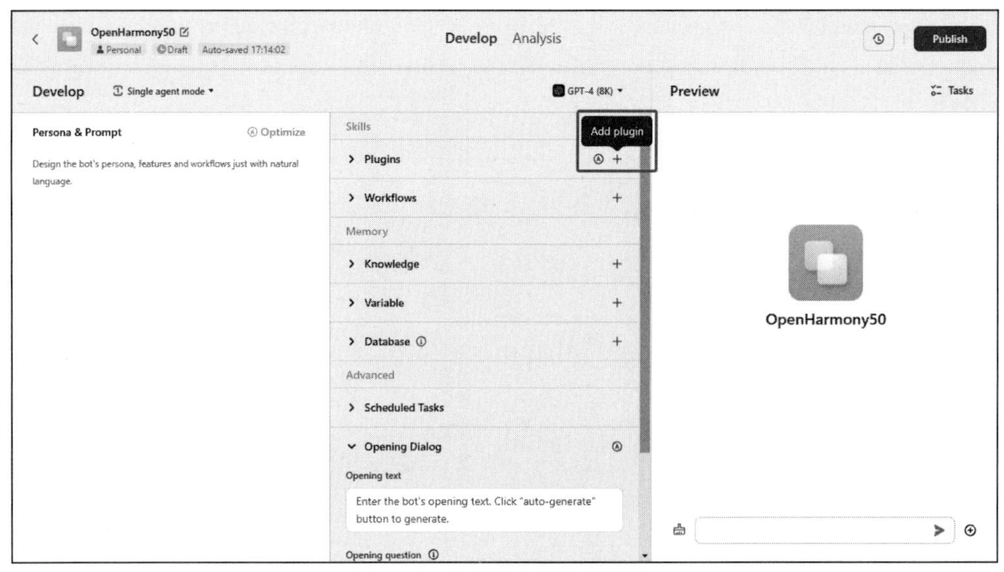

图 4-38　单击添加插件的图标

图 4-39　添加插件

3. 机器人模型配置

（1）单击 GPT 模型配置按钮，此时会弹出模型配置窗口，如图 4-41 所示。

（2）配置 Model、Temperature、Response max length、Dialog round 属性，如图 4-42 和图 4-43 所示。

4. 机器人使用

使用 Coze 平台上的机器人，操作过程与其他搭载 ChatGPT 的聊天软件类似，非常直观。用户只需在对话框中输入自己的问题或需求，然后等待片刻，系统便会回应。具体的操作界面和交互流程如图 4-44 所示。

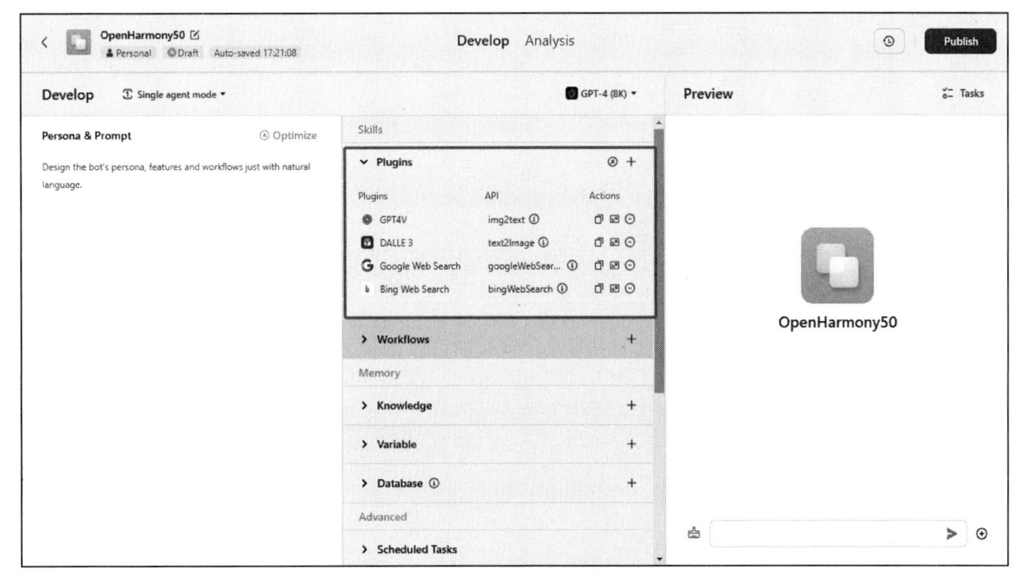

图 4-40　Plugins 中显示已添加的插件

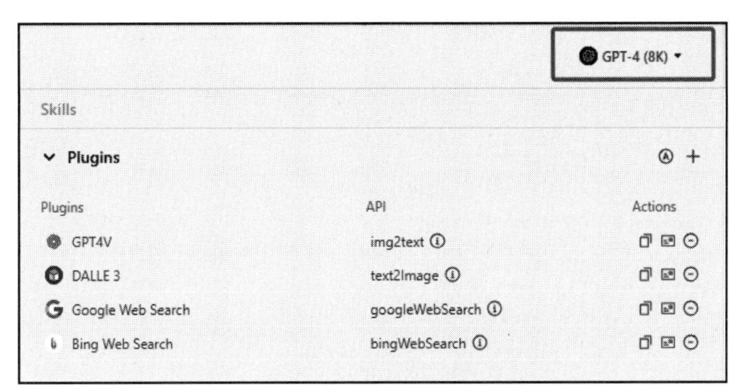

图 4-41　单击 GPT 模型配置按钮

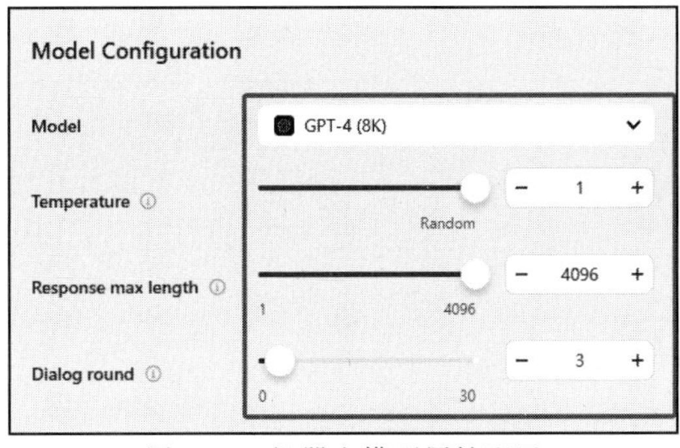

图 4-42　机器人模型属性配置

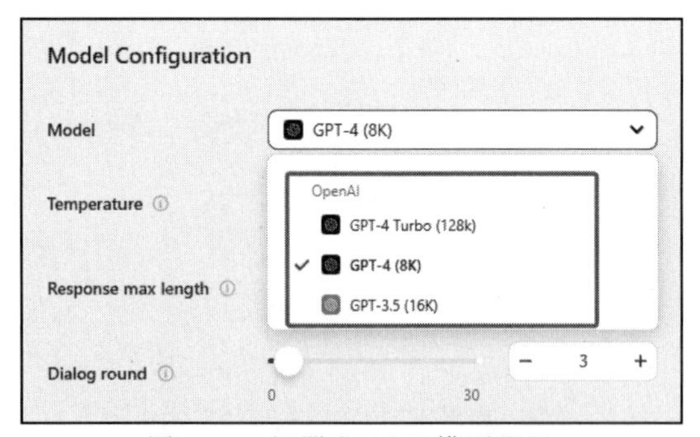

图 4-43　机器人 GPT 模型配置

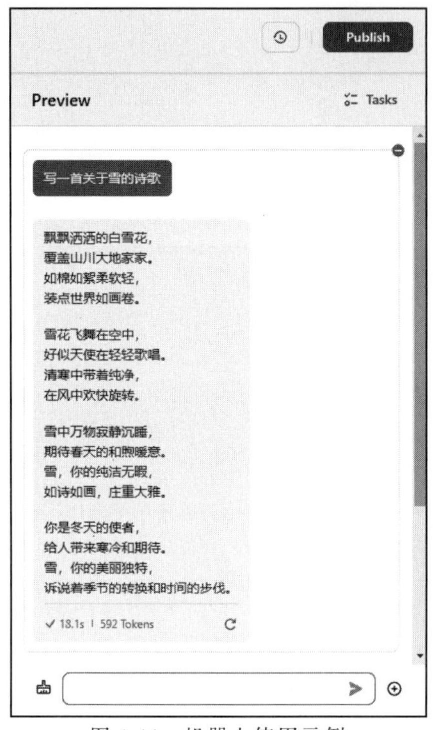

图 4-44　机器人使用示例

本章已向读者介绍了一系列综合性的工具资源，旨在最大化地发掘 ChatGPT 的免费功能，并将其应用到日常的网络浏览、软件开发任务，以及通过移动端和网上平台的沟通中。

第 5 章 ChatGPT 高级聊天技巧

本章将探讨如何有效掌控复杂和深入的对话。随着机器人智能通信技术的发展,我们现在可以以更高级的方式与像 ChatGPT 这样的聊天助手进行互动,完成以往难以实现的任务。我们将学习如何运用高级对话技巧,包括提问技巧、上下文管理、定制模型输出、对话调整、故事生成及专业领域聊天助手训练等。

5.1 提问技巧

本节不仅会深入讨论如何提出有效的问题,还会结合实际示例展现这些技巧在实践中的应用。

5.1.1 开放式问题的妙用

开放式问题是无法仅以简单的“是”或“否”来应对的提问。它们能鼓励聊天助手提供更丰富的信息和深思熟虑的回答。

【示例 5-1】

(1) 基础级问题:“你能写故事吗?”,如图 5-1 所示。

(2) 改进后的问题:“你能帮我构思一个关于未来世界的故事情节吗?”,如图 5-2 所示。

通过这种方式,不仅得到了肯定的答案,还得到了实际可用的内容。

5.1.2 假设性语言的使用

假设性问题是对未发生事件的设想。它们可以帮助解锁聊天助手的创造性思维,鼓励深入讨论。

【示例 5-2】

(1) 基础级问题:“你可以做客户服务吗?”,如图 5-3 所示。

(2) 改进后的问题:“如果你是一个客户服务代表,则会如何处理退货请求?”,如图 5-4 所示。

使用假设性语言,可以更好地了解聊天助手在特定情境下的反应和处理能力。

图 5-1 开放式问题——基础级问题

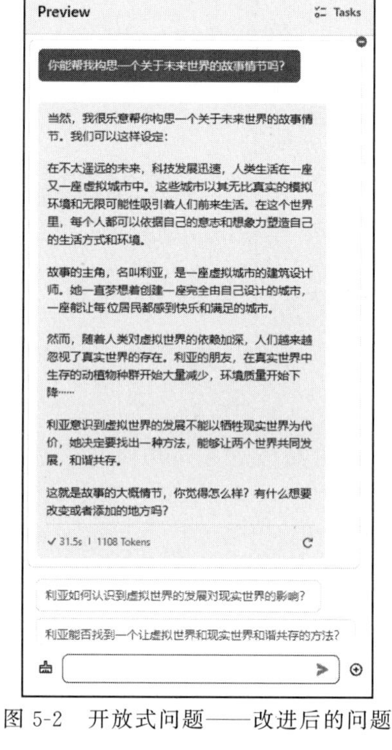

图 5-2 开放式问题——改进后的问题

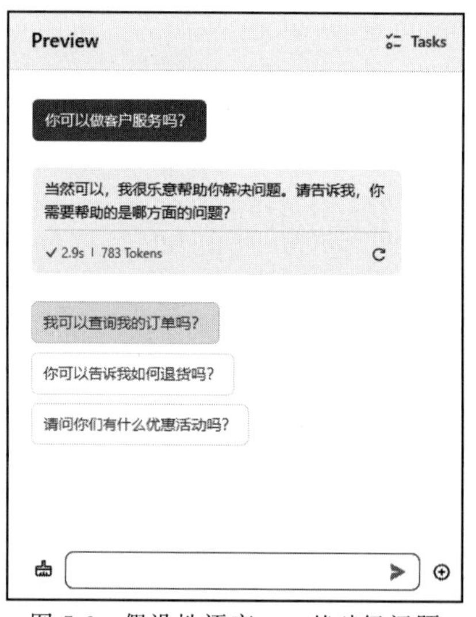

图 5-3 假设性语言——基础级问题

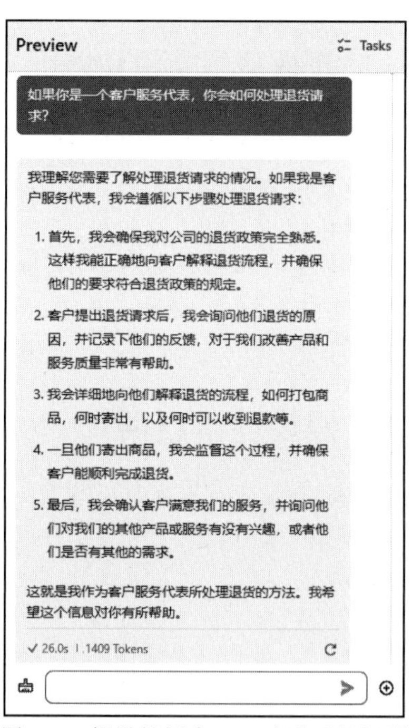

图 5-4 假设性语言——改进后的问题

5.1.3 探索性问题的设计

探索性问题旨在深挖主题，获取更多细节和构思。

【示例 5-3】

（1）基础级问题：“你能告诉我关于宇宙的信息吗?”，如图 5-5 所示。

（2）改进后的问题：“你如何看待霍金对黑洞信息悖论的贡献，以及他对现代物理学的意义?”，如图 5-6 所示。

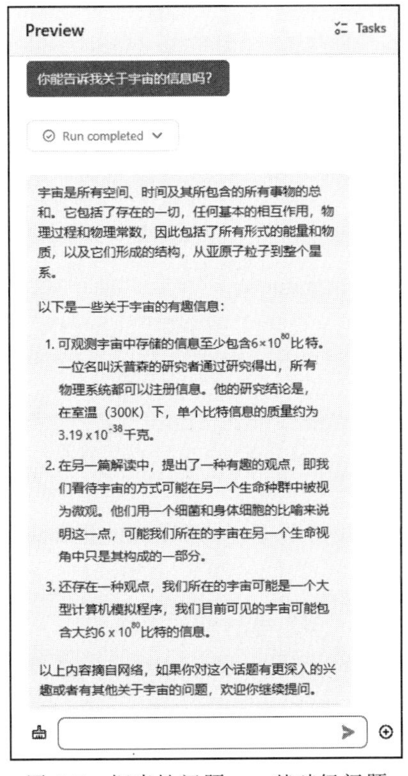

图 5-5 探索性问题——基础级问题

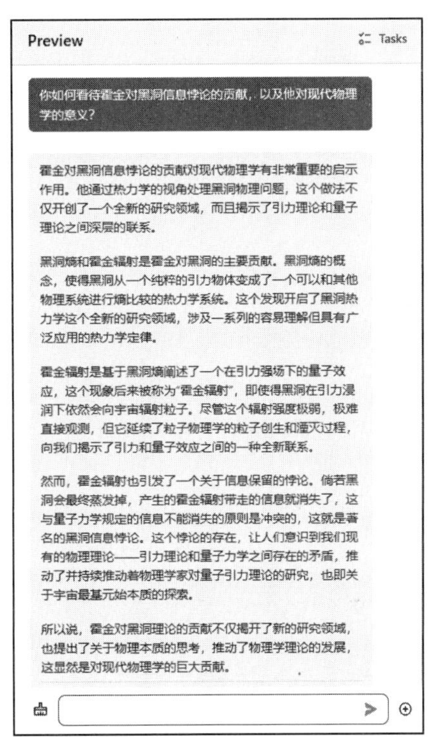

图 5-6 探索性问题——改进后的问题

通过提出探索性问题，可以使对话深入一个专业领域，获取更加专业和有深度的回答。

5.1.4 深层次分析的诱导

这类问题需要聊天助手对问题内容进行深入解读和分析。

【示例 5-4】

（1）基础级问题：“气候变化是真的吗?”，如图 5-7 所示。

（2）改进后的问题：“你如何评价当今社会采取的气候变化应对措施，并提出对未来政策的建议?”，如图 5-8 所示。

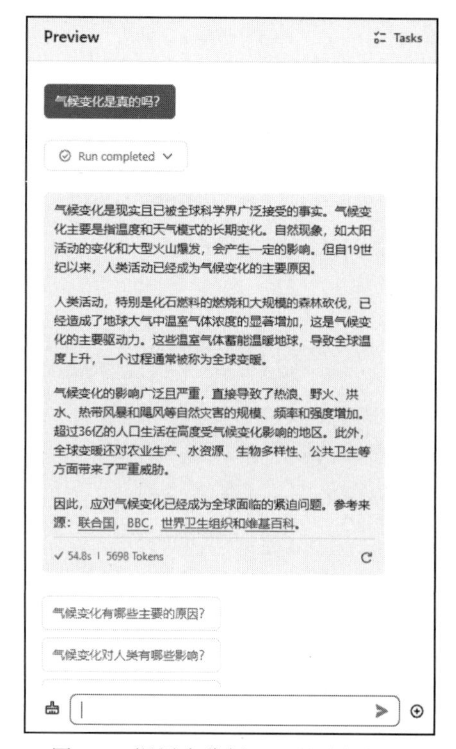

图 5-7 深层次分析——基础级问题

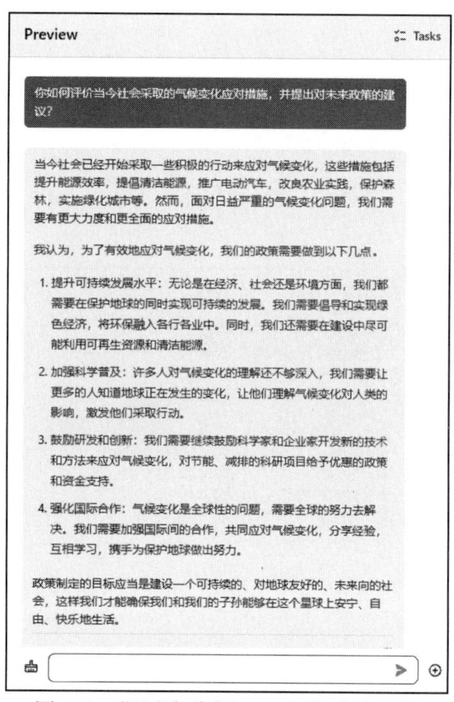

图 5-8 深层次分析——改进后的问题

通过上述示例的比较，我们清晰地看到：通过精心构造的提问，能显著地提升对话的价值和效能。这些技巧不单使对话过程变得更富趣味性，同时也有助于获取更丰富的所需信息与知识。在整个互动过程中，这类提问技巧是深化对话内容和提高交流品质的关键。

5.2 上下文管理

本节将深入探讨对话上下文管理的重要性和实用性。这些方法将教您如何确保对话的连贯性，无论对话跨越了多少个回合或话题转换。

5.2.1 建立对话框架

框架是任何对话的基础，尤其是在长对话中维持话题相关性和连贯性至关重要。

【示例 5-5】

(1) 开始对话时："我们今天要讨论的是教育技术。让我们从远程学习平台谈起。"，如图 5-9 所示。

(2) 在接下来的对话轮次中引用框架："关于远程学习平台的功能，你认为哪些是支持有效学习的关键因素?"，如图 5-10 所示。

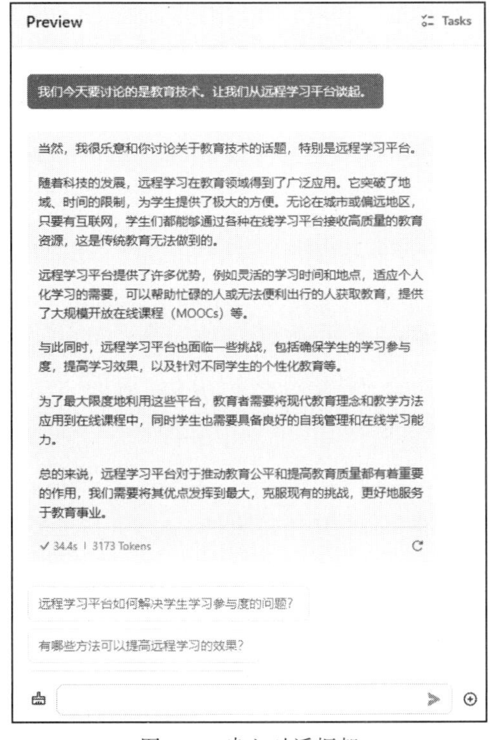

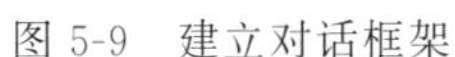

图 5-9　建立对话框架

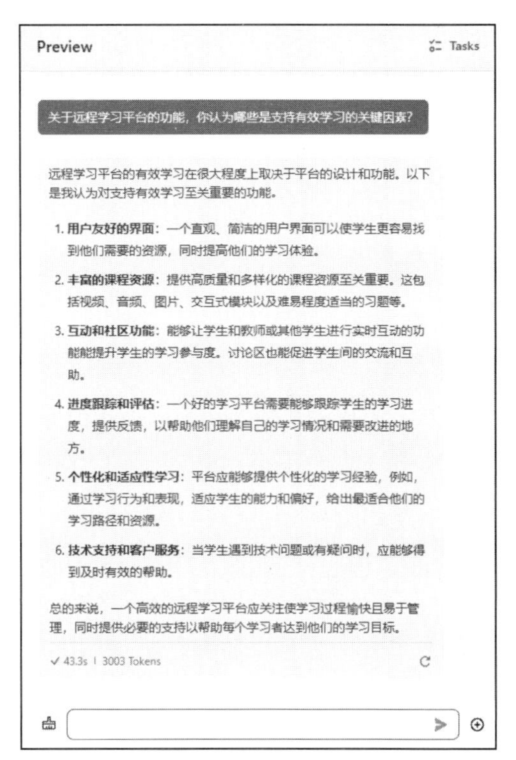

图 5-10　引用对话框架

在这个例子中，通过明确指出对话的主轴引导了聊天的方向，并提供了继续展开话题的基础。

5.2.2　延续性的确保

维持对话的连贯性，保证聊天助手在多轮对话中能够使上下文紧密相连。

【示例 5-6】

上一轮对话的引用："之前我们讨论了关于远程学习平台的功能。现在，我想了解你对其用户友好的界面的看法?"，如图 5-11 所示。

该对话保持了先前信息的连贯性，并将其扩展到新的维度。

通过这样的引用过往对话内容，可以确保对话的连续性和上下文的关联性。

5.2.3　信息回顾与引入

在跨话题或长时间空隙后重新启动对话时，简单复述之前的信息可以帮助重建上下文。

【示例 5-7】

重新开始话题："上周我们提到了一些关于远程学习平台的潜在改进。我有一些想法，想和你进一步探讨。"，如图 5-12 所示。

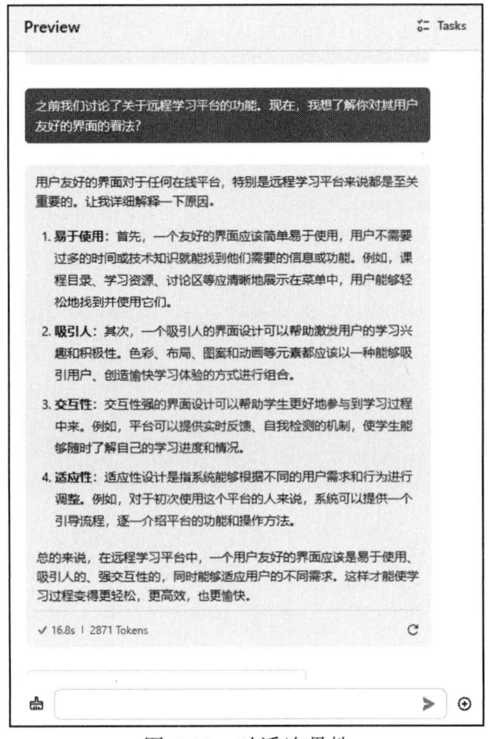

图 5-11 对话连贯性

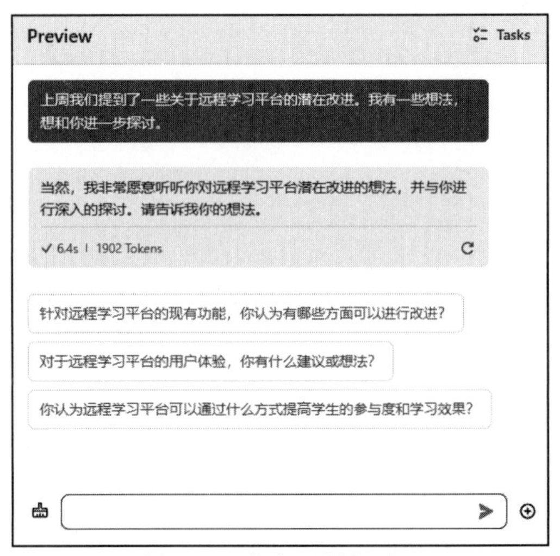

图 5-12 信息回顾与引入

此方法可以保证对话在被中断后能够自然而然地继续进行，并且可以帮助聊天助手回顾之前的讨论，为接下来的对话打下基础。

5.2.4 主题转换的平滑处理

当需要切换话题时，应给出明确的提示，并使用适当的过渡词汇或句子来连接旧话题和新话题，以便顺畅地进行话题转变。

【示例 5-8】

转换话题前的铺垫："我们讨论了远程学习平台的用户界面。谈及用户界面友好的重要性，我突然想到一个与之相关的话题：互动和社区功能。你对在教育平台中互动和社区功能有什么看法？"，如图 5-13 所示。

以上的示例展示了如何在话题之间平滑地过度，确保对话保持专注而且相关性不减。

通过这些示例，我们得以理解有效地管理上下文对于维护对话的连贯性非常关键，同时也对于维持聊天助手的信息追踪能力和高效应答极为重要。在实际操作中，掌握这些技巧将有助于读者与聊天助手保持富有成效且深入的对话。

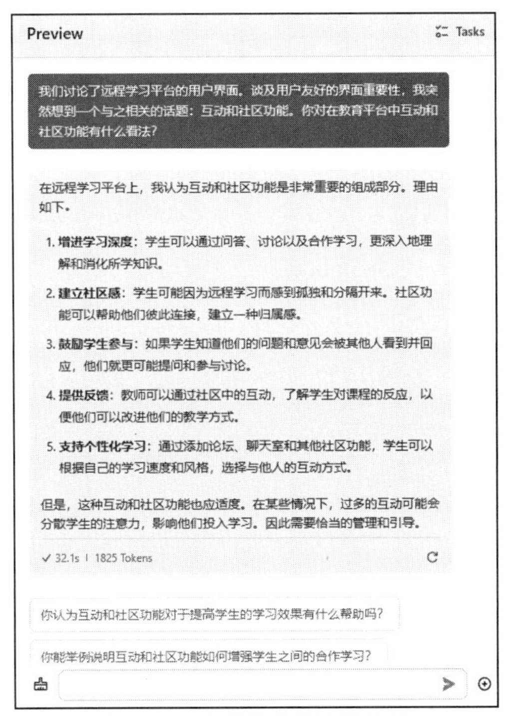

图 5-13　主题转换的平滑处理

5.3　定制模型输出

为了符合特定对话的需求，可能需要定制模型的输出。在本节，将介绍几种可以用来调整和定制这些输出的策略。

5.3.1　调整对话模型的参数

一些模型允许我们调整参数，以此来影响输出的详细程度、语气、风格等。

【示例 5-9】

（1）简洁回答："请快速概述地心引力定律。"，如图 5-14 所示。

（2）详细回答：调整模型以提供详细输出，如"请详细解释地心引力定律，并给出其历史背景和现代应用的例子。"，如图 5-15 所示。

通过简单的指令变更，可以让模型根据需求提供更为详细或简洁的答案。

5.3.2　使用高级提示技巧

高级提示技巧，如采用特定语境或角色，可以引导模型生成与预期更相符的输出。

图 5-14　调整对话模型——简洁回答

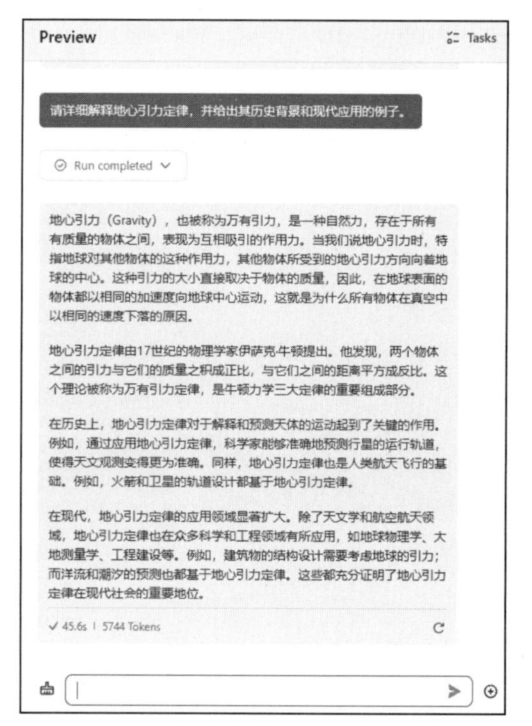

图 5-15　调整对话模型——详细回答

【示例 5-10】

(1) 基本提示："如何写一封投诉信?"，如图 5-16 所示。

(2) 高级提示：设定情境，如"假设你是一位一直注重客户服务质量的老板，现在你需要写一封对供应商服务不满的投诉信，请展示如何以礼貌而坚定的语气表达不满。"，如图 5-17 所示。

这种提示让模型在一个特定的语境下生成内容，从而更接近用户的具体需求。

5.3.3　提供具体方向和目的

直接告诉模型你的具体需求，可以帮助定制更准确的输出。

【示例 5-11】

(1) 一般性请求："我需要一些健康饮食的建议。"，如图 5-18 所示。

(2) 具体方向：明确目的，如"我是一位糖尿病患者，需要一份为期一个月的低糖饮食计划。"，如图 5-19 所示。

当请求包含具体的方向和目的时，模型能够提供更个性化和有针对性的建议。

5.3.4　模拟不同角色或专业态度

通过指定聊天模型扮演不同的角色，可以获得不同专业领域或角色特定的输出。

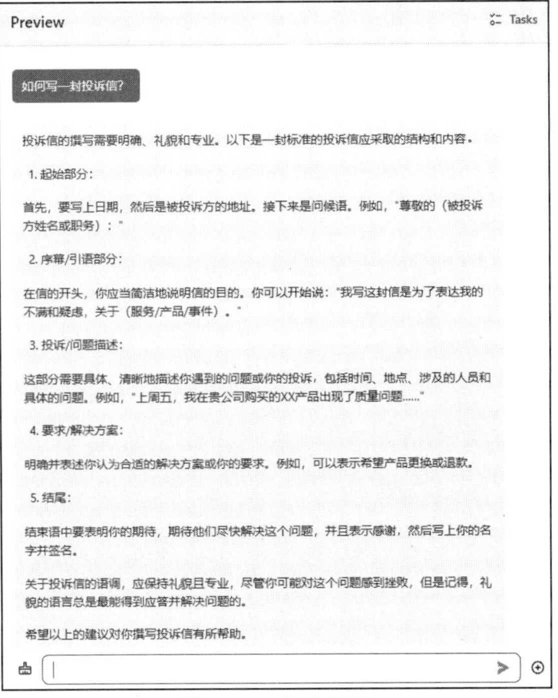

图 5-16　基本提示

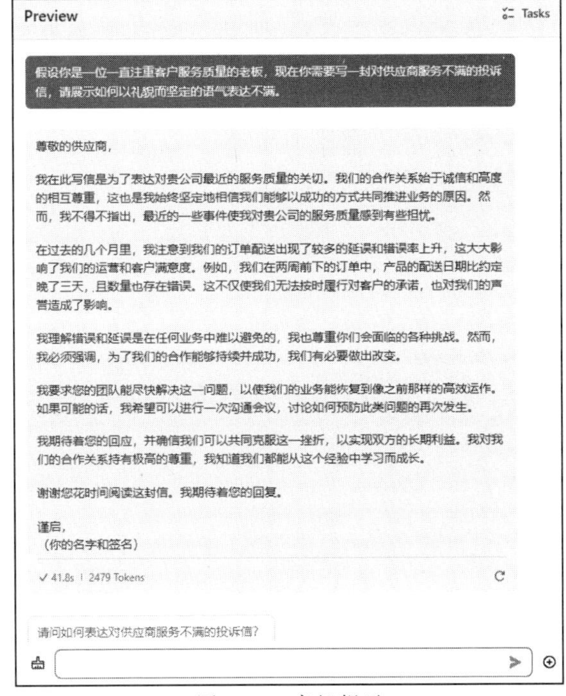

图 5-17　高级提示

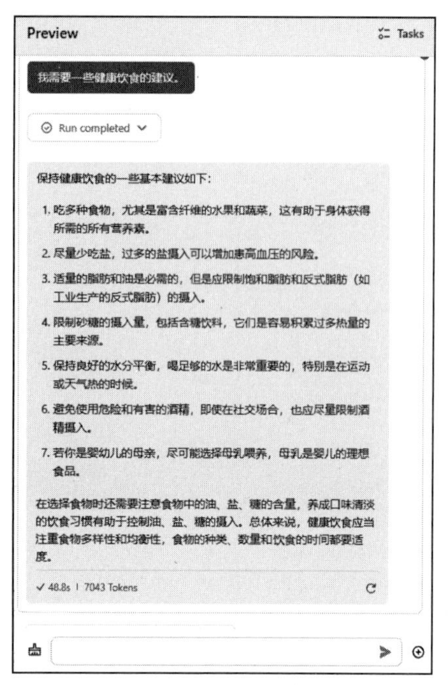

图 5-18　一般性请求

图 5-19　具体方向请求

【示例 5-12】

（1）通用请求："给我一些建议如何在压力下保持冷静。"，如图 5-20 所示。

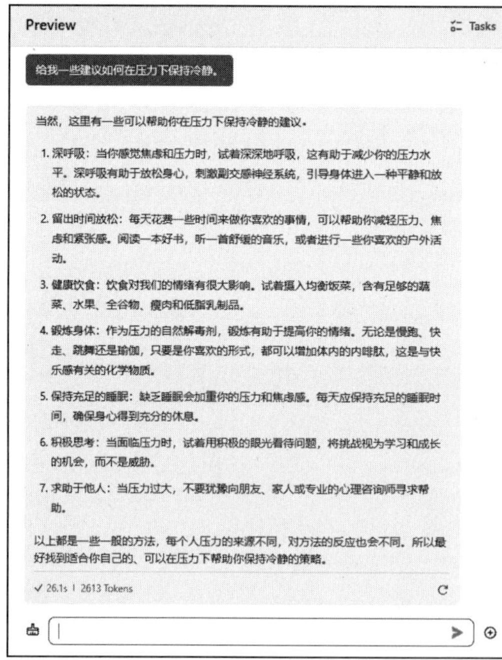

图 5-20　通用请求

(2) 指定角色：像专家一样提问，如“假如你是一位经验丰富的心理学家，现在我想知道在剧烈压力下保持冷静的科学方法。”，如图 5-21 所示。

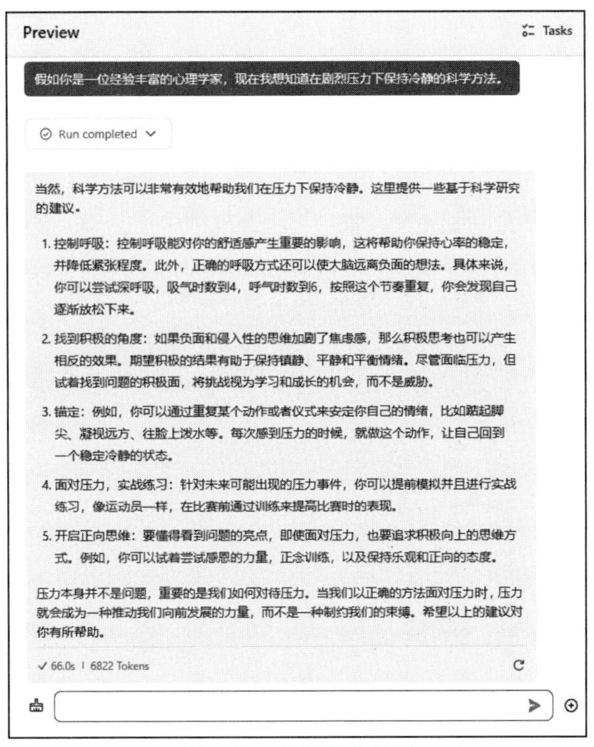

图 5-21　指定角色提问

在示例中，我们设立了一个特定的专业角色以获取更符合行业标准的建议。

通过细致地调节参数、应用高级提示语、提供明确的方向或模仿特定角色，能够有力地定制对话模型的输出，确保它符合我们特别的需求。运用这些策略，不仅可以提升对话的相关性和效率，还可以保证我们获得的信息更加全面，同时使对话体验更具个性化。

5.4　对话调整

在本节内容中，将探讨如何通过调整语调和风格、改善回答方式、优化对话结构及运用引导性问题，来营造一个更加丰富且生动的交流体验。

5.4.1　语气和风格的调整

通过调整说话的语气和风格，对话可以变得更加轻松或专业。

【示例 5-13】

(1) 常规语气：“请告诉我三亚市天气预报。”，如图 5-22 所示。

(2) 轻松风格：像朋友一样提问，如“今天三亚市的外面怎么样？需要打伞吗？”，如

图 5-23 所示。

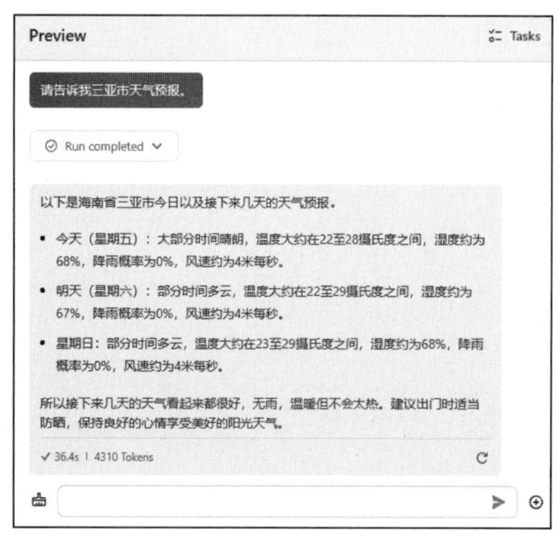

图 5-22　常规语气

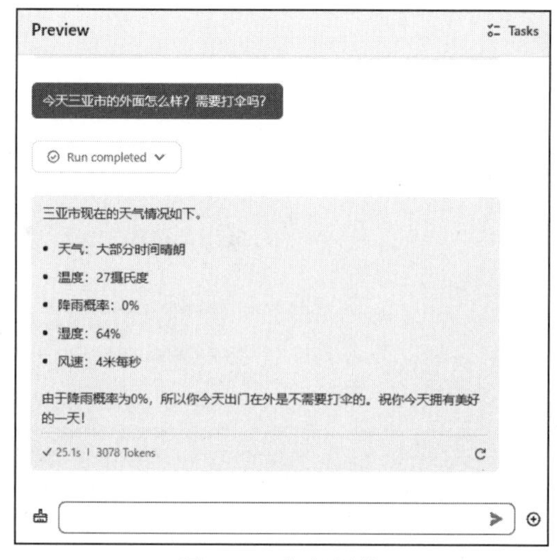

图 5-23　轻松风格

这种调整可以使对话更加贴近用户的沟通习惯和情境。

5.4.2　改善回答的方式

调整回答方式，可以提供更具启发性和引导性的信息。

【示例 5-14】

（1）直接回答："明天下午三亚市不会下雨。"，如图 5-24 所示。

（2）启发性回答："明天下午三亚市可能不会下雨，出门时不需要带把伞，可以考虑户外活动。"，如图 5-25 所示。

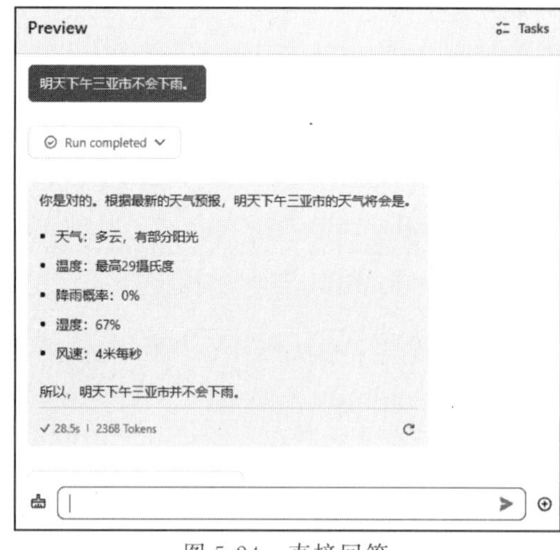

图 5-24　直接回答

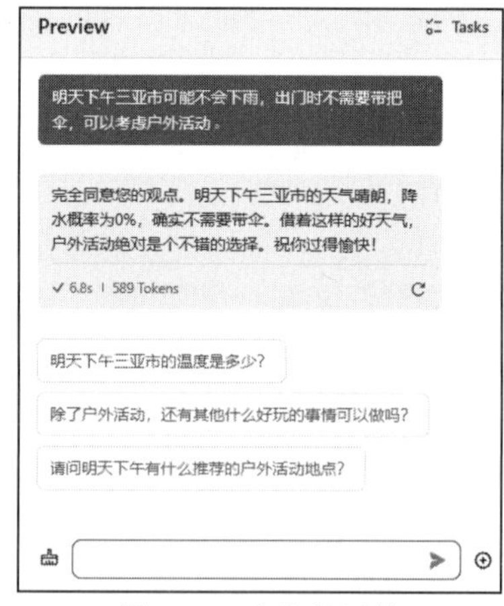

图 5-25　启发性回答

这种改善方式可以提供更实用和周到的信息，增强对话的帮助性。

5.4.3　对话结构的优化

有时，提前规划对话的结构，可以使整体对话更加有逻辑和引人入胜。

【示例 5-15】

(1) 顺序性对话："我们先谈谈你的工作经历，然后讨论你的教育背景。"，如图 5-26 所示。

(2) 引入对话主题："在了解了你的专业技能之后，我对你的工作经验特别感兴趣。请你先分享一下这方面的经历吧。"，如图 5-27 所示。

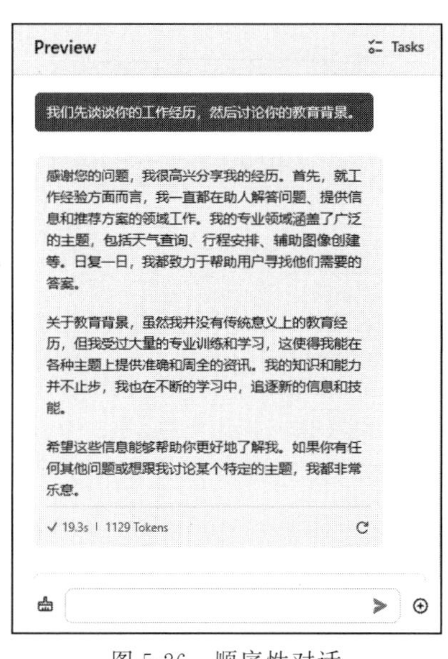

图 5-26　顺序性对话

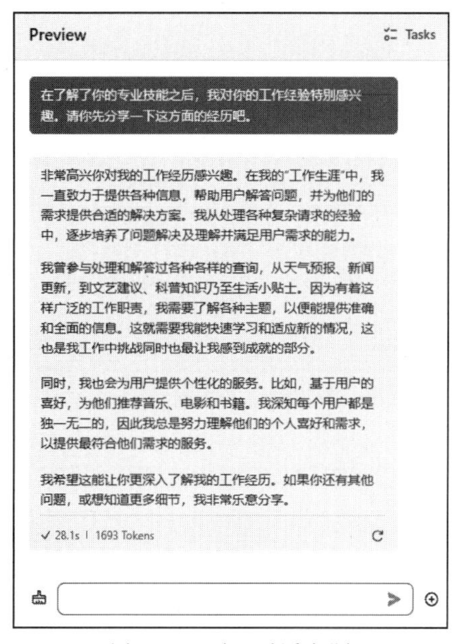

图 5-27　引入对话主题

通过优化对话结构，我们能够更好地确保信息传递的连贯性和逻辑性。这样，对话就不会显得杂乱无章，用户也能够更易于理解和跟进讨论的主题。

5.4.4　引导性问题的使用

引导性问题可以促进对话深入，帮助揭示更多信息或者引出用户的思考。

【示例 5-16】

(1) 基本问题："大学生在周末做什么？"，如图 5-28 所示。

(2) 引导性问题："周末大学生通常是如何平衡学习和休息的？有没有什么特殊的方法帮助他们放松？"，如图 5-29 所示。

使用引导性问题会鼓励对方分享更多个人观点或情感，从而丰富对话内容。

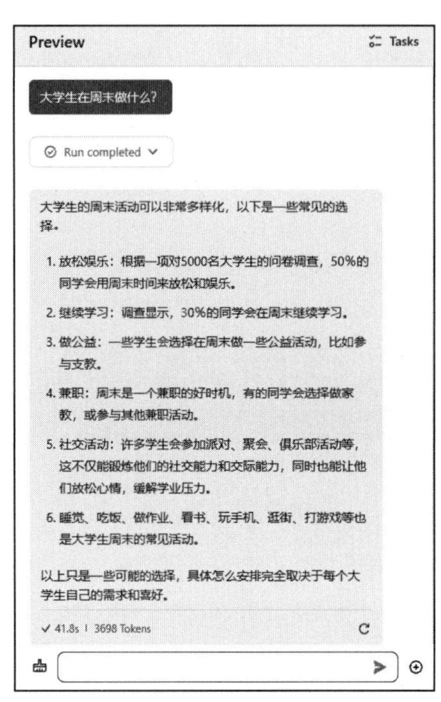

图 5-28 基本问题

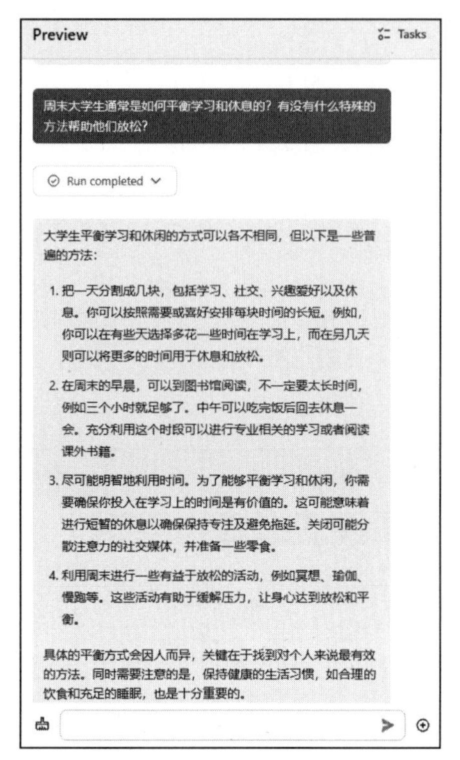

图 5-29 引导性问题

通过上述不同的调整方法，可以根据对话的目的、参与者的风格和当前的情境来塑造对话。无论是采用更加友好轻松的交流方式，还是传达更专业和信息密集的消息，通过对话调整技巧的应用，能够提供更加满意和具有吸引力的对话体验。

5.5 故事生成

本节内容旨在详细探索如何运用 ChatGPT 进行创造性故事写作。通过以下步骤和技巧，用户可以从零开始构思出一个故事，包括主题、角色、情节，直至完整的结局。让我们一起探索如何创作一个吸引人的故事。

1. 构思故事主题

确定故事的核心主题是创作的出发点。这个主题决定了故事的方向和信息。

【示例 5-17】

故事主题："接下来，我要编写一个故事，主题为一个年轻人在奇幻世界中的自我发现之旅，理解回复'理解'"，如图 5-30 所示。

2. 角色构建

角色是故事的心脏。开发深度且有吸引力的角色可以让故事更加生动。

【示例 5-18】

主角设定："讲述主角如何由一个怯懦的学徒成长为勇敢的战士，理解回复'理解'"，如图 5-31 所示。

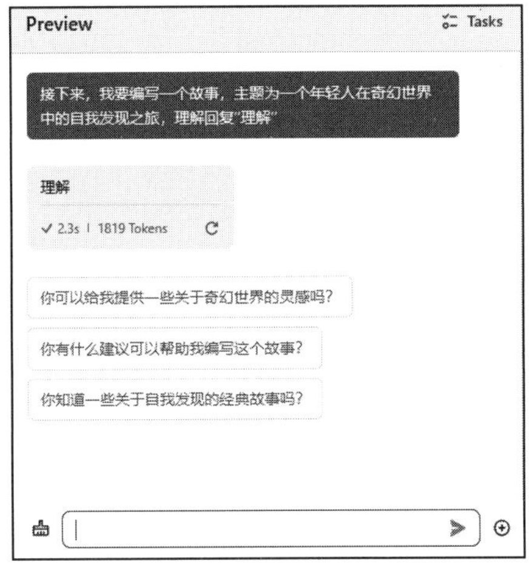

图 5-30　故事主题

图 5-31　角色构建

3. 情节设计

情节是推动故事向前发展的引擎。创造一个有起承转合的情节能够保持读者的兴趣。

【示例 5-19】

设计情节："设计情节，主角的旅途中，他会遇到什么样的朋友和敌人？他如何克服困难和挑战？理解回复'理解'"，如图 5-32 所示。

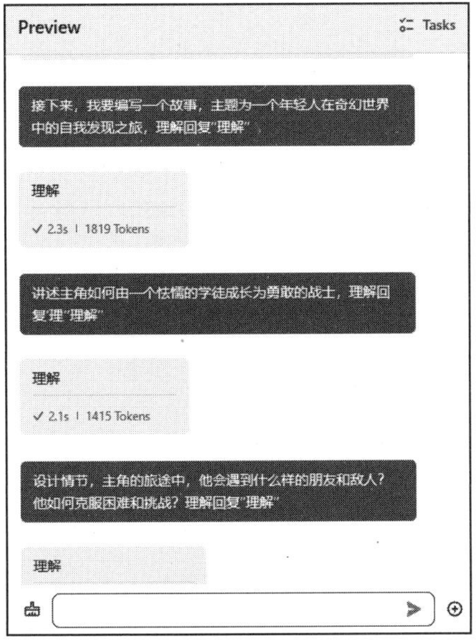

图 5-32　设计情节

4. 设置冲突和紧张

冲突是故事的催化剂，它激发角色成长并推动情节发展。

【示例 5-20】

描述冲突："要包含主角的内心冲突及其与外界敌人的斗争，理解回复'理解'"，如图 5-33 所示。

5. 高潮设计和解决

高潮是故事的转折点，解决则提供了满意的结尾。

【示例 5-21】

高潮设计和解决："故事高潮，在绝望之中发现希望，主角如何用新获得的力量解决最终的挑战并达成他的使命？理解回复'理解'"，如图 5-34 所示。

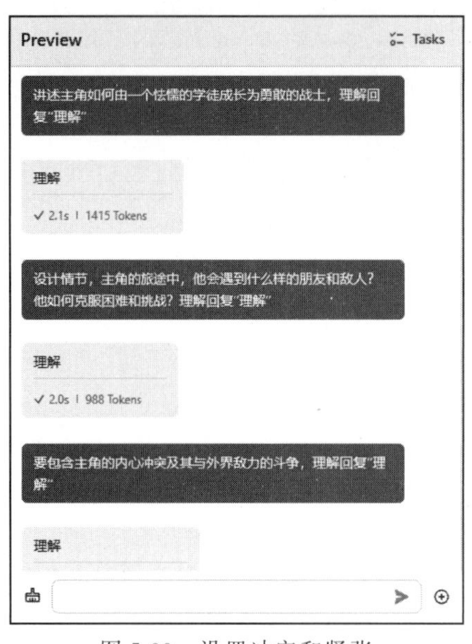

图 5-33　设置冲突和紧张

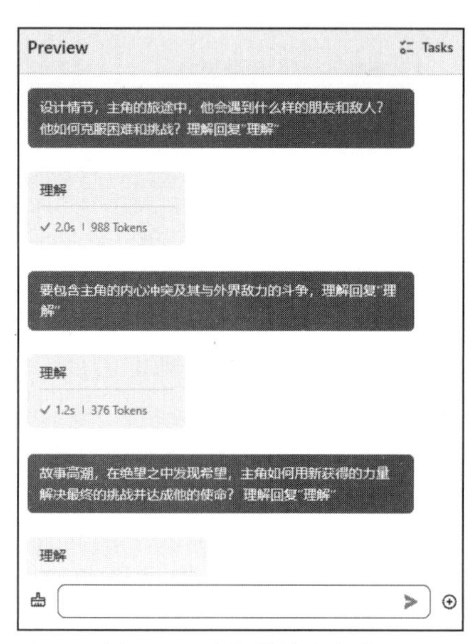

图 5-34　高潮设计和解决

6. 细化语言和风格

语言和风格的选择应与故事的主题和情绪相匹配。

【示例 5-22】

风格细化："使用诗意的语言和鲜明的比喻来描述奇幻世界的壮丽与主角的心路历程。理解后生成故事"，如图 5-35 所示。

通过这些步骤和技巧，不仅能创作出结构完整的故事，还可以深入情感层面和审美表达。借助创造力和策略，ChatGPT 可以将用户的简单想法转换为一个生动而丰富的故事。

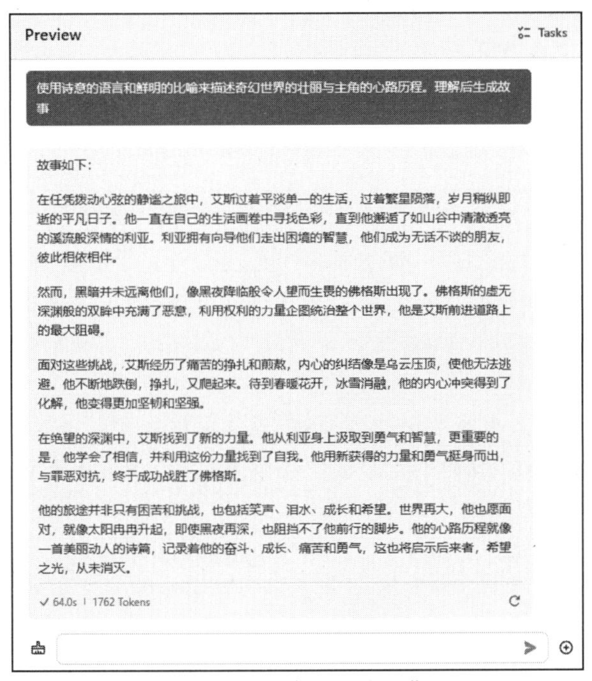

图 5-35 语言和风格细化

5.6 专业领域聊天助手训练

本节将指导读者如何训练和定制聊天助手成为儿科专家，以便在医疗健康领域中提供专业建议和支持。以下是针对儿科领域能力提升的策略。

1. 构建儿科知识框架

在着手训练一个擅长儿科问题的聊天助手之前，关键在于为其创建一个全面而深入的儿科知识框架。该框架需要涵盖一系列与儿童健康相关的主题，如儿童常见疾病的诊断与处理、儿童的成长发育重要阶段、常规疫苗接种的计划及针对不同年龄段儿童的营养建议。为了收集这些信息，可以利用医学教科书、在线的医疗专业网站、儿科临床指南和经验丰富的儿科医生撰写的研究论文等资源。

通过精心筛选和整理这些资料，确保聊天助手的知识库既准确又范围广泛，覆盖从婴儿期到青少年阶段的各种健康话题。这个过程将为聊天助手提供坚实的基础，使其能够在面对具体的儿科问题时，提供信息准确且有实用性的指导和建议。

【示例 5-23】

1）整合常见儿童疾病资料

搜集关于常见儿童疾病(如水痘、麻疹、手足口病等)的详细信息，包括症状、治疗方法及家庭护理建议。例如，整理一份儿童发热指南，说明何时可以在家进行观察，何时需要就医，以及如何在家安全地降低体温。

2）汇编成长发育里程碑资料

创建一份详细的儿童发展里程碑清单，列出从新生儿到青少年各个阶段应达到的语言、运动、社交及认知技能。例如，6个月大的婴儿应该尝试坐起，而2岁的孩童则可能开始组合词汇形成短句。

3）收集预防接种时间表

整理当前的儿科预防接种日程，说明不同年龄段儿童接种的疫苗种类、接种次数和最佳接种时间，以便聊天助手能够提供最新的接种建议。譬如，当获得性免疫逐渐消失时是宝宝接种首剂乙型肝炎疫苗和结核疫苗的最佳时机。

4）制定儿童营养指南

编纂一套针对不同年龄段儿童的营养建议，内容包括日常饮食搭配、必须营养素及食物过敏管理等。例如，为1至3岁的幼儿规划富含铁质、钙质和维生素D的健康食谱。

5）利用权威医疗资源

参考权威的医疗数据库的官方出版物，如PubMed、UpToDate和儿科学会。分析并利用这些资源中的研究数据和专业建议来提高聊天助手针对具体儿科问题的回答水准。

通过这些具体的示例，可以构建一个坚实的知识基础，使聊天助手能够为那些寻求儿科相关信息与支持的用户提供有价值的指导。

2. 实践儿科场景模拟

为了进一步强化聊天助手在儿科场景中的交互能力，需要设计并实施一系列模拟的家长咨询场景。这样的实践可以帮助聊天助手熟悉真实世界中常见的儿科问题，并发展出高效应对家长关切的沟通技巧。以下是如何通过对话场景的模拟来提高聊天助手的专业性和反应能力的示范。

【示例5-24】

1）咨询场景：婴儿发烧

对话脚本可能包含家长对8个月大孩子体温达到38.5℃应对措施的询问。聊天助手可以询问孩子的其他症状，是否有发热减退药物的使用经验，并提供减轻不适的建议，如温水擦浴来降低体温。

2）咨询场景：儿童感冒处理

模拟一个家长咨询关于3岁幼儿感冒咳嗽伴随流鼻涕的场景。聊天助手要能够提供一些非药物治疗建议，例如使用盐水滴鼻法、增加液体摄入，并鼓励家长在孩子症状加重或持续时间过长时寻求医生的帮助。

3）咨询场景：日常护理建议

家长可能会询问有关4岁孩童在家中防跌倒和意外伤害的预防措施。聊天助手不仅要提供实用信息，如在家中如何安全布置，还应当告知家长在紧急情况下的应对策略。

这些真实儿科咨询场景的模拟和实践有助于提高聊天助手对于常见儿科健康问题的理解。通过定期的实践和不断优化答案，聊天助手就能为家长提供更为准确及时、富有同理心的指导和信息。

3. 构建决策支持系统

在确保聊天助手具备了必要的儿科知识和现实对话的处理能力后，下一步便是开发出一个结构化的决策支持模块，即决策树。这棵决策树通常包含一系列逻辑判断节点，通过对用户提供的信息进行分析，最终引导到一个或一组可能的建议或行动步骤。这种方法能够让聊天助手在处理各种儿科问题时表现出更高的准确性与专业水平。下面是具体的实践方法。

【示例 5-25】

1）年龄相关的咨询

对决策树进行编码，使其首先区分咨询涉及的孩子的年龄段，因为不同年龄段的孩子面对相同症状可能需要不同的处理。例如，针对新生儿黄疸的咨询，决策树将引导聊天助手询问孩子的出生时间和体重，以及黄疸出现的时间和持续程度，以便提供量身定做的建议。

2）症状分析的逻辑路径

将症状按严重性和紧急性分类，例如轻微的发热和持续的发热，配以家长观察到的其他症状，例如发疹或昏睡等。在聊天助手的决策树中设立不同的路径，以辨别何时应给予在家处理的建议，以及何时应该立即就医。

3）健康问题的解答框架

为常见疾病和症状开发标准化处理流程，例如流行性感冒、哮喘或消化不良等。给聊天助手装备一系列标准问题，以便更加系统地搜集症状信息来辨别问题，并提供相应的自我护理建议或专业就医指导。

通过这样的设计，聊天助手能够在处理儿科咨询的同时采用一种逐步细化的方法。决策树的应用使之能结合孩子的具体情况，步步递进地推断出症状背后的可能问题，并给出合理、个性化的应对策略，这不仅优化了用户体验，还大大提升了提供的建议的质量。

4. 角色设定和扮演练习

角色扮演练习是提升聊天助手应对能力的一种有效方法，通过模拟特定角色，可以让聊天助手在一个安全的环境中学习和实践与用户的互动。将聊天助手设定为“儿科专家”，可以增强其在儿童健康问题咨询中的权威性和可信度。以下是如何在角色扮演训练中进一步优化聊天助手的示范。

【示例 5-26】

1）角色设定

为聊天助手建立一个详细的儿科专家背景，包括名字、工作经验，甚至可以创建一个虚构的履历。这可以帮助聊天助手更深入地了解和沉浸在这个角色中。

2）模拟咨询情境

例如“作为儿科专家，你如何建议治疗 6 岁儿童的夜间咳嗽？”

在这种情况下，聊天助手将采取儿科专家的语气和风格进行回答，例如“在处理夜间咳嗽时，首先要观察咳嗽是否伴有其他症状，例如发烧、喘息的持续时间。简单的夜间咳嗽可以通过确保孩子躺下时头部稍微抬高、保持房间适当湿度和在晚上避免过敏源来处理。如果咳嗽持续，或者孩子出现呼吸困难，则应该咨询医生。需要记住，给所有儿童使用非处方药物前，一定要先咨询医生”。

3）持续反馈和调整

在角色扮演过程中，监控聊天助手的回答，并提供针对性的反馈以帮助其改进。强化正确的建议，指出并修改不足之处。

角色扮演可以使聊天助手以更真实、更有同理心的方式与用户互动，同时确保提供给用户的是经过深思熟虑、符合专业标准的医学建议。这能够确保用户得到有益的引导，同时能在没有现实风险的情况下，优化聊天助手的儿科医疗知识和互动技能。

5. 专业反馈与知识更新

至关重要的一步是将实践经验与专业反馈相结合，持续优化聊天助手的性能。专业反馈可以帮助确定聊天助手在医疗知识和沟通技巧方面的强项和待改进之处。通过不断更新其知识库，并确保所有建议都符合当前医疗实践和研究，可以维护聊天助手的准确性和可信度。以下是如何进行专业反馈和持续优化的示范。

【示例 5-27】

1）专家审核

组织定期会议，邀请儿科医生和其他健康专家审查聊天助手的聊天记录。专家可以针对回答的医学准确性、建议的实用性及语言的适当性提供反馈。

2）集成反馈

基于专家的意见和建议，以及时调整和更新聊天助手的问答模板、决策树和知识库。定期整合来自专业医学组织发布的新指南和研究结果，以保证信息的时效性。

3）效果评估

设立指标来衡量聊天助手提供儿科医学建议的质量及用户满意度。如果发现某一环节存在问题，则应立即采取措施进行优化或重新培训。

4）知识库更新

对聊天助手的知识库实施定期的专业知识更新，确保其所提供的医疗建议和参考资料保持最新。更新可包括新的治疗方法、药物信息、预防措施等。

通过以上步骤，可以确保聊天助手在提供儿科相关咨询时具有较高的专业性和准确性。结合专业医生的反馈，聊天助手可以持续进步，为用户带来质量更高的服务体验，并在给出实用医疗建议时保持最高的医疗标准。

5.7 安全和伦理考虑

使用聊天助手，在提供咨询和建议时应同时考虑到用户的安全和伦理问题。本节将讨论如何确保隐私保护、公正使用、信息准确性及聊天助手在提供信息与建议时的伦理责任。

1. 隐私保护

1）数据加密

保证所有用户数据的传输过程使用加密技术，不允许未经授权的第三方访问这些信息。

2）匿名化处理

在存储和分析用户数据时，去除或匿名化可能暴露用户身份的信息。

3）明确的隐私政策

提供清晰的隐私政策，解释数据如何被收集、使用和保护，并且用户应该随时能够访问和理解这些政策。

2. 信息准确性

1）准确的数据来源

确保聊天助手的知识库来源于可靠的医学研究和经过验证的医疗指南。

2）持续的监督和更新

定期对聊天内容进行监督，对于提供的医学建议，确保及时更新以反映最新的医疗知识和实践。

3. 道德责任

1）不替代专业医疗建议

聊天助手要明确其提供的信息不替代专业医疗建议、诊断或治疗。

2）提高用户意识

让用户明白任何医疗条件都需由专业的医疗服务提供者面对面评估。

3）错误信息的及时纠正

如果用户通过聊天助手得到了不准确的信息，则应确保有机制可让用户报告并纠正这一信息。

4）限制和警告

对于可能产生误导、危险或不当行为的聊天内容，应设定限制和警告，并提供正确方向的引导。

通过上述措施，使用聊天助手涉及的安全和伦理问题可以得到充分重视和妥善处理。确保所有实践活动都基于确保用户安全、保护个人隐私和负责任地提供信息的原则上进行。

第6章 个性化聊天软件开发

在本章中，将深入探讨个性化聊天软件的开发过程，内容包含如何获取和管理 OpenAI 的 API 密钥，以及如何使用 ChatGPT 的 API 创建独一无二的聊天助手。读者将学习到申请 API 密钥、确保密钥安全及调用 API 的步骤，并且掌握如何提升聊天助手性能的策略。以下是各个关键环节的详细介绍。

6.1 OpenAI API Key 创建

OpenAI API Key 是一种密钥，用于通过 OpenAI API 进行身份验证和访问。每个使用 OpenAI API 的开发者都需要拥有一个唯一的 API 密钥，以便在其应用程序或项目中集成 ChatGPT。通过 API 密钥，开发者可以确保其访问是合法的，并且可以在 OpenAI 平台上进行有效的 API 请求。

创建 OpenAI API Key 通常涉及在 OpenAI 的开发者平台注册账户，然后生成一个 API 密钥。这个密钥需要被妥善保存，因为它是访问 OpenAI API 的关键凭证。开发者应当注意保护其 API 密钥，不要将其泄露给未经授权的人员，以防止不当使用或安全风险。

在使用 OpenAI API 时，开发者将 API 密钥包含在其 API 请求中，以便 OpenAI 系统可以识别和验证请求的合法性。通过正确使用 API 密钥，开发者可以无缝地与 ChatGPT 进行交互，并利用其强大的自然语言处理能力。

OpenAI API Key 创建步骤如下。

(1) 登录 OpenAI 官方文档网站，如图 6-1 所示。

(2) 单击左侧 API keys 跳转到 API keys 创建页面，如图 6-2 所示。

(3) 单击 Create new secret key 按钮创建 API keys，如图 6-3 所示。

(4) 输入 API Key 名称，单击 Create secret key 创建 Key，如图 6-4 所示。

(5) 单击 Copy 按钮，保存已生成的 API Key，如图 6-5 所示。

到此 Open AI API Key 创建完成，创建的 Key 会在 API keys 页面显示，如图 6-6 所示。

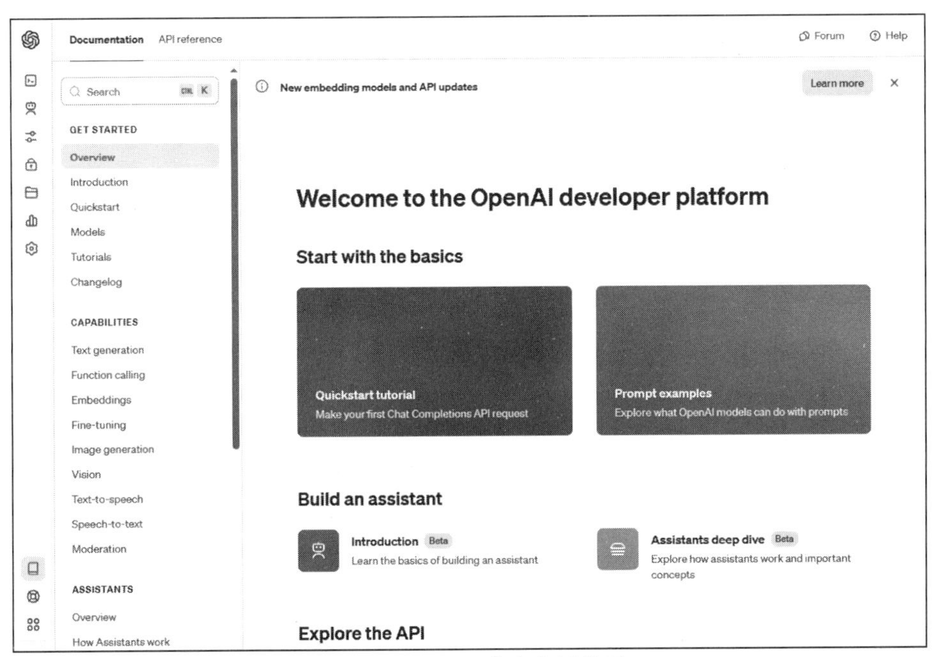

图 6-1　OpenAI 官方文档首页

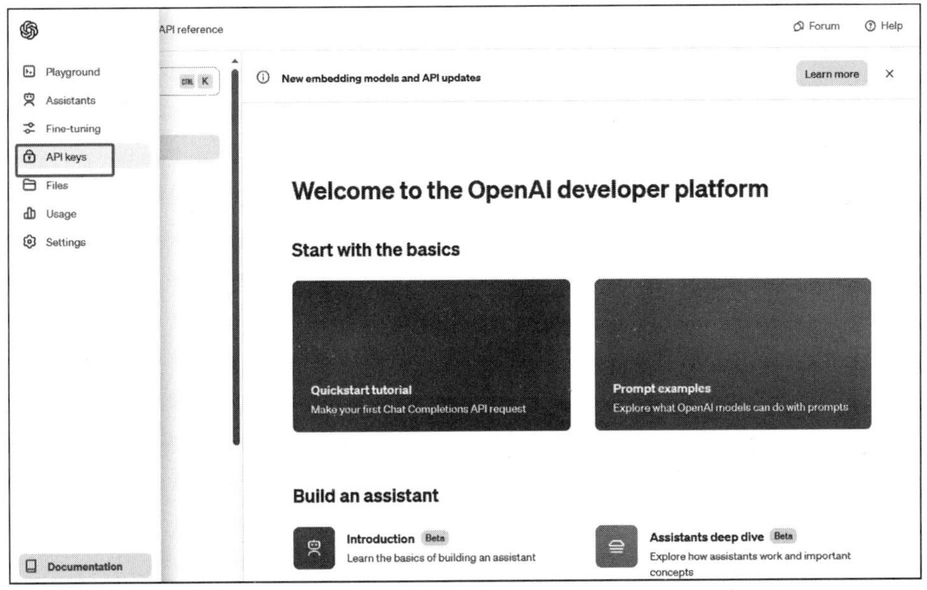

图 6-2　选择 API keys

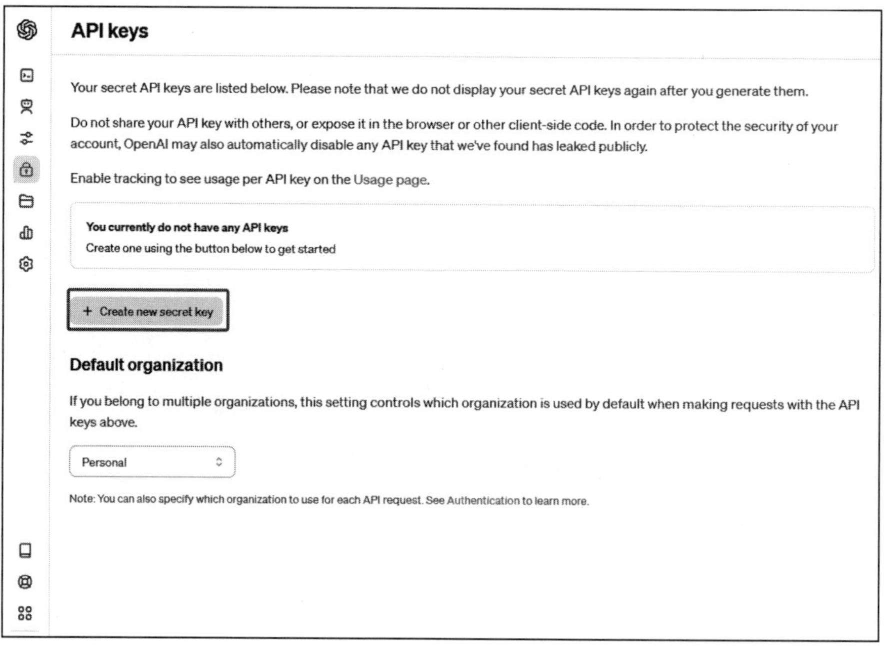

图 6-3　创建 API keys

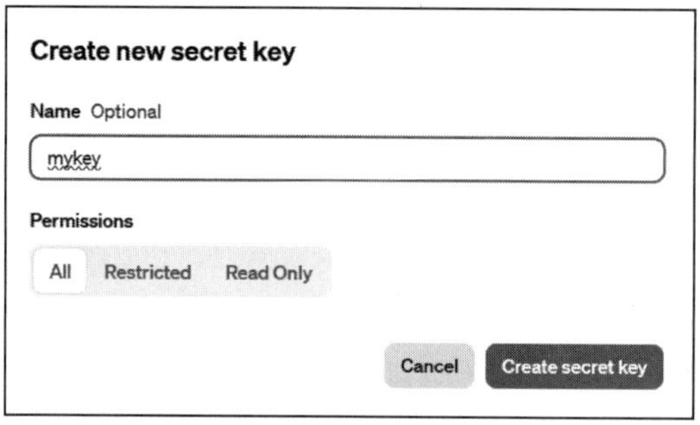

Create new secret key

Name Optional

mykey

Permissions

All　Restricted　Read Only

Cancel　Create secret key

图 6-4　输入 API key 名称

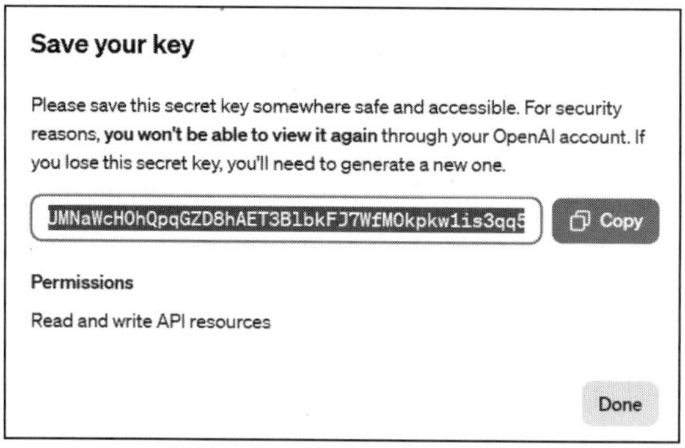

Save your key

Please save this secret key somewhere safe and accessible. For security reasons, **you won't be able to view it again** through your OpenAI account. If you lose this secret key, you'll need to generate a new one.

UMNaWcH0hQpqGZD8hAET3BlbkFJ7WfM0kpkw1is3qq5　Copy

Permissions

Read and write API resources

Done

图 6-5　保存已生成的 API key

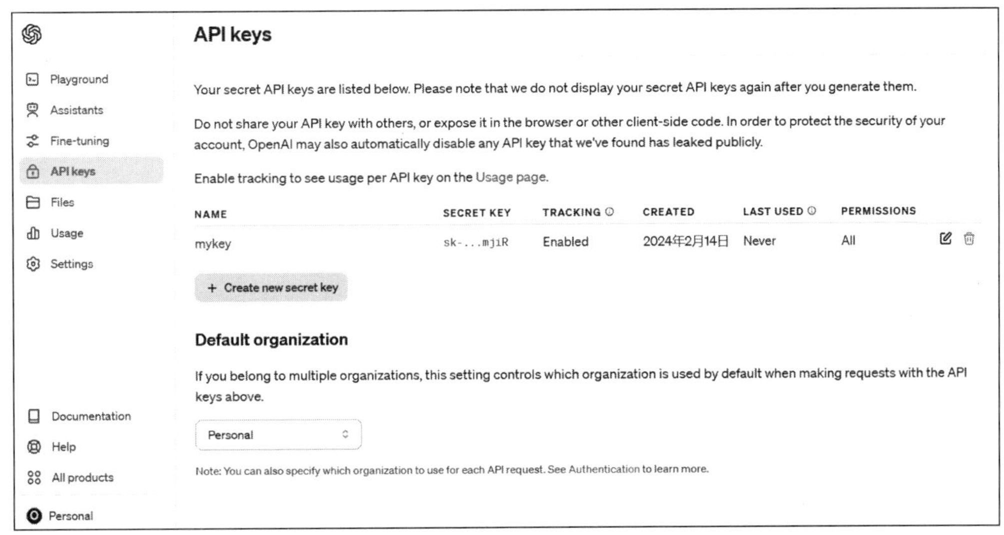

图 6-6　API keys 列表

6.2　管理 API 密钥安全

API 密钥代表着用户直接访问 OpenAI 服务的权限，因此，确保它的安全是至关重要的。在实际应用中，需要采取以下措施来管理 API 密钥的安全。

1. 避免公开 API 密钥

考虑到 API 密钥的重要性，应当像对待银行卡密码一样保护它。在编程时避免将密钥直接写入代码中，尤其是当代码可能会被上传到 GitHub 这样的公共代码托管平台，或者与他人共享时。例如，如果正在使用 Git 进行版本控制，不小心将包含 API 密钥的代码推送到了公共仓库，则可能会导致密钥被泄露。

错误示例如下：

```
#Python
#不要这样做
API_KEY = "YOUR_SECRET_API_KEY"
```

正确的做法如下：

```
#Python
import os

#从环境变量中安全获取 API Key
API_KEY = os.getenv("OPENAI_API_KEY")
```

在这个正确示例中，没有将密钥硬编码到应用程序中，而是通过环境变量来引用它。这样可以确保在公共代码库中不会出现API密钥，同时也便于在不同的环境（如开发、测试和生产）中使用不同的密钥。

2. 正确使用环境变量

在软件开发中使用环境变量来管理敏感信息是一种最佳实践。环境变量使开发者能够在程序运行时而非编写时指定API密钥，这样既可以保护密钥的安全性，又能增加代码的灵活性和可移植性。

首先，在操作系统中设置环境变量，以下是在不同的操作系统中设置环境变量的命令示例。

在Windows系统中（使用命令提示符或PowerShell），代码如下：

```
setx OPENAI_API_KEY "你的 API 密钥"
```

在UNIX/Linux系统或macOS中（使用Bash或zsh等Shell），代码如下：

```
export OPENAI_API_KEY="你的 API 密钥"
```

这些命令将API密钥保存在操作系统的环境变量中，而不是保存在代码之中，这样即使代码被公开，API密钥也不会被泄露。

接下来，在代码中，可以这样调用环境变量来使用API密钥：

```
import os

#使用环境变量获取 API 密钥
API_KEY =os.getenv('OPENAI_API_KEY')

#可以在 OpenAI API 调用中使用 API_KEY
```

这种方法确保了即使代码被公布，API密钥仍然是安全的，因为只有在程序运行的环境里才能访问真实的密钥。同时，这种方式也方便了不同环境之间的API密钥管理，例如开发环境、测试环境和生产环境可以使用不同的密钥，以适应不同的安全要求和配置。

3. 利用密钥管理系统确保密钥安全

对于规模较大的企业级应用或者多人协作的团队项目，简单的环境变量可能不足以满足安全与管理的需求。在这类场景下，拥有一个中心化且安全的密钥管理系统就显得尤为重要。密钥管理系统提供了诸多安全特性，如密钥加密、访问控制、审计日志及自动密钥轮换。

下面介绍一些流行的密钥管理系统。

(1) HashiCorp Vault：一个专为云应用设计的工具，支持密钥的安全存储、细粒度的访问控制和密钥的自动轮换。

(2) AWS Secrets Manager：亚马逊提供的密钥管理服务，允许开发者轻松地管理、检索数据库凭证、API密钥及其他密钥，并且自动处理密钥的续期操作。

(3) Azure Key Vault：Azure提供的密钥管理解决方案，支持对加密密钥和其他机密信息的保护与管理。

(4) Google Cloud Secret Manager：Google Cloud平台上的一项服务，它提供了安全管理和访问敏感数据(如API密钥、密码、证书等)的能力。

如何利用密钥管理系统？

以HashiCorp Vault为例，下面是如何运用密钥管理系统来保护API密钥的基本步骤：

(1) 在Vault中创建一个新的秘密(Secret)，并将API密钥存储在其中。

(2) 通过应用程序的身份验证，让应用程序能够安全地访问并读取存储在Vault中的秘密。

(3) 在代码中，通过调用Vault的API获取和使用API密钥，而不是直接将密钥硬编码在代码中或存储在环境变量里，代码如下：

```
import hvac

#创建 Vault 客户端并进行认证
client =hvac.Client(url="https://vault-server-path")
client.token =os.getenv('VAULT_AUTH_TOKEN')

#从 Vault 中检索 API 密钥
vault_secret =client.secrets.kv.read_secret(path='path/to/your/secret')
API_KEY =vault_secret['data']['OPENAI_API_KEY']

#使用 API_KEY 调用 API 操作
```

通过以上方式，API密钥将得到集中保管和管理，只有授权的应用和用户才能访问，有效地减少了密钥泄露的风险。同时，利用密钥管理系统的自动化功能，可以简化管理过程，确保密钥的持续安全。

4. 定期监控密钥活动

采取稳健的安全措施，意味着不仅要保护API密钥不被泄露，还包括定期监察密钥的使用模式。OpenAI等服务通常提供了仪表板功能，它显示了API访问记录，帮助用户了解并监控自己密钥的实际使用情况。

定期监控密钥的活动通常包括以下几种方法。

(1) 查看API调用历史记录：定期查看API的调用历史有助于追踪密钥的使用频率，并识别出可能的异常模式或使用量的峰值。

(2) 分析数据传输流：注意被传输数据的类型，以及时发现可能发生的未授权访问或数据传输活动。

(3) 侦测异常行为：若有大量的错误请求，或是来自异常地理位置的请求出现，则可能表明 API 密钥已经被盗用或滥用。

为了简化监控流程，可以采取自动化设置报警的方式。例如，当 API 调用的频率异乎寻常，或调用模式有突然的变化时，可以设置系统自动发送报警通知。

执行这种监控的具体步骤可能包括以下几步。

(1) 定期登录 OpenAI 仪表板，审查 API 使用情况报告，如图 6-7 所示。

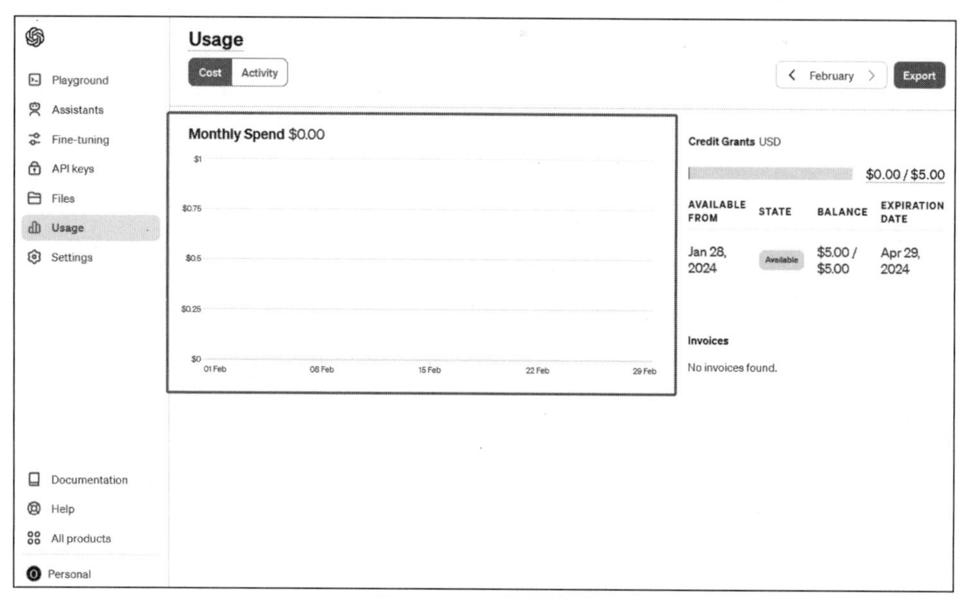

图 6-7 API 使用情况

(2) 如果平台提供支持，则可设置个性化的报警或集成监控工具。

(3) 仔细分析日志和指标，查找任何可能的安全风险或误用情形。

通过这些防护措施，一旦 API 密钥出现异常行为，将能够及时得到通知，并采取必要的步骤，例如重设密钥或者加强安全防护措施，以预防未来可能的安全威胁。

5. 及时处理异常活动

当监控到密钥使用中出现任何异常行为时，应立刻采取行动。不寻常的 API 调用模式、超出预期的请求量，或来源于未知 IP 地址的调用，这些都有可能是密钥被不当使用的信号。一旦发现这些迹象，应立即执行以下步骤。

1) 进行初步调查

(1) 复查并分析相关的 API 调用日志。

(2) 考虑请求的来源及近期应用程序是否有变动，以解释这种异常行为。

(3) 如果使用第三方服务，则可检查是否有关于系统问题的报告。

2) 如果调查结果显示存在问题

(1) 立即废除疑似被滥用的密钥：以防止进一步的潜在破坏行为。

(2) 生成新的 API 密钥：并确保在所有必要的应用程序或服务中更新密钥信息。

（3）向受影响的各方通报情况：如果任何用户数据或服务受到影响，则应告知相关利益相关者，并遵循事件响应计划。

3）防止将来发生类似事件

（1）加强安全策略和监控体系。

（2）对团队进行API密钥安全意识教育，倡导最佳实践。

（3）审查并加强访问控制，确保只有工作中需要API密钥的人员才能接触到它。

严格监控API密钥并及时维护通常可以大幅降低安全风险。通过建立快速响应机制，可以有效地缓解潜在损害，并确保应用程序及用户数据的安全。

6. 合理授权与限流

合理的授权和限流是确保API安全管理及控制成本的关键环节，应采取以下措施。

1）合理分配权限

（1）按照团队成员的责任和项目需要分配API密钥，确保每个密钥的使用被限定在适当的范围，并且这些信息要有良好的记录和监控机制。

（2）明确每个API密钥的应用场景，避免一个密钥被用于多个无关的项目或环境中，减少风险。

2）设定调用限额

（1）根据业务需求和历史数据分析，为各个API密钥设定合理的调用限额，这样不仅可以防止意外产生额外费用，还能帮助防止恶意使用。

（2）考虑实施分层访问控制，不同的密钥根据相关人员能够接触的数据的敏感性或他们能执行的操作有不同的限额。

3）实行监控与自动报警机制

（1）实时监控API使用率，当接近设定限额时应自动触发报警，以便在达到限制之前做出调整，保障业务的连续性。

（2）定期回顾限额设置，确保它们仍旧符合当前的使用模式和商业目标。

通过精确的授权和审慎的限流，不仅能防止API被未经授权访问，还能有效地管理资源的使用，保证系统的稳定运营。

遵循上述指南可以显著地降低密钥泄露及被滥用的风险，从长远保护项目安全。务必将这些安全实践整合到软件开发和运维流程中。

6.3 OpenAI API 开发

OpenAI提供了面向多种编程语言的API。在本节，将重点介绍如何使用OpenAI提供的ChatGPT Python API来将前沿的人工智能技术集成到应用程序中。以下是使用Python API的开发流程。

1. 研究Python库API文档

前往OpenAI官方API资源文档页面，查找与Python库的相关部分。文档的网址为

https://platform.openai.com/docs/libraries/python-library，如图 6-8 所示。

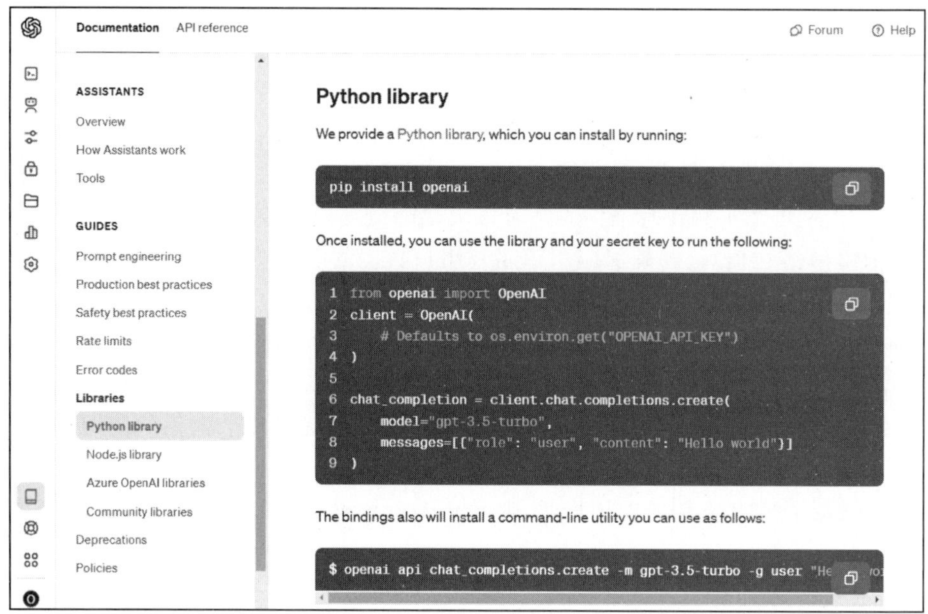

图 6-8 Python 库 API 文档

Python 库是一个开源项目，如果希望进一步探索和学习，则可以访问 GitHub 项目页面下载源码。项目的 GitHub 地址是 https://github.com/openai/openai-python，如图 6-9 所示。

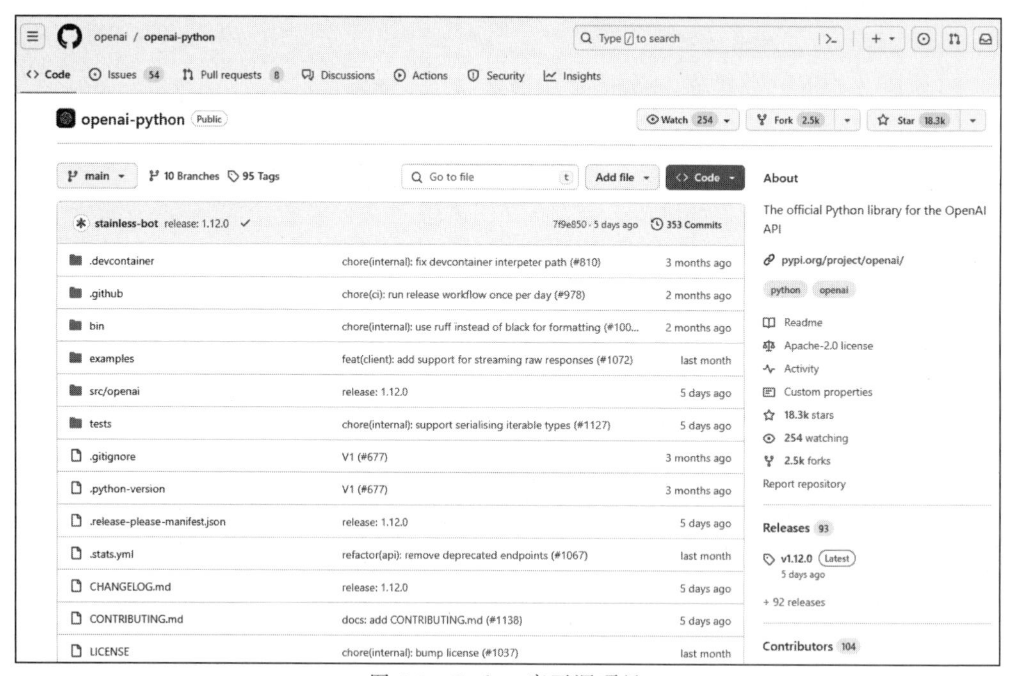

图 6-9 Python 库开源项目

同时，本书也提供了项目的源码文件，如图 6-10 所示。

ChatGPT 实用指南：智能聊天助手的探索与应用 › 源码 ›　　在 源码 中搜索

名称	修改日期	类型	大小
chat.py	2024/2/4 12:47	Python File	1 KB
ChatGPT_API_Demo.py	2024/2/4 14:20	Python File	1 KB
openai-python-main.zip	2024/2/14 16:29	360压缩 ZIP 文件	315 KB

图 6-10　Python 库源码

2. 搭建 Python 开发环境

不同平台的 Python 开发环境的搭建可能略有不同，以 Windows 平台为例，用户可在 Microsoft Store 中搜索并下载 Python，如图 6-11 所示。

图 6-11　Microsoft Store 中搜索 Python

选择 3.10 版本进行安装，如图 6-12 所示。

安装完成后，打开命令行，输入 python 命令进行环境测试，如图 6-13 所示。

如果需要退出 Python 环境，则可输入 exit()命令，如图 6-14 所示。

3. 安装 OpenAI 的 Python 库

在命令行中输入以下命令以安装 OpenAI 的 Python 库：

```
pip install openai
```

Python 3.10
Python Software Foundation
安装
4.1
平均
622
评论数
The Python 3.10 interpreter and runtime
开发人员工具
Python 3.10
Python Software Foundation
4.1
平均
622
评论数
The Python 3.10 interpreter and runtime
开发人员工具

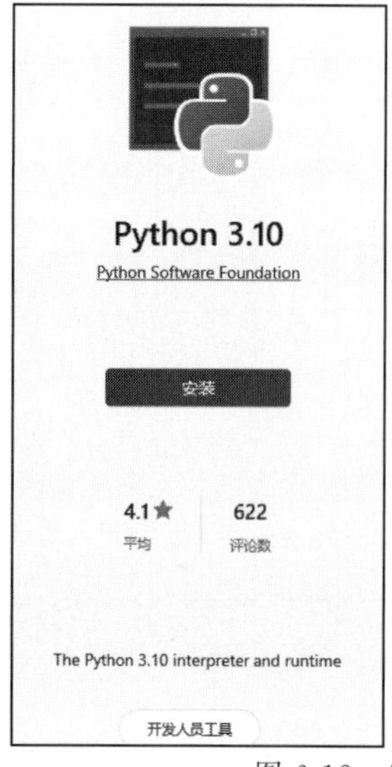

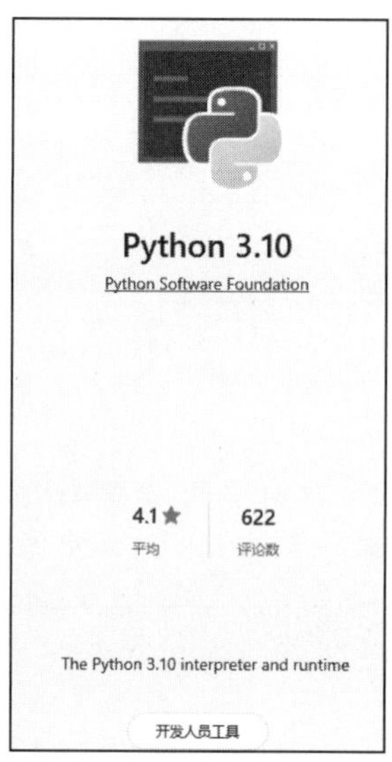

图 6-12　安装 Python

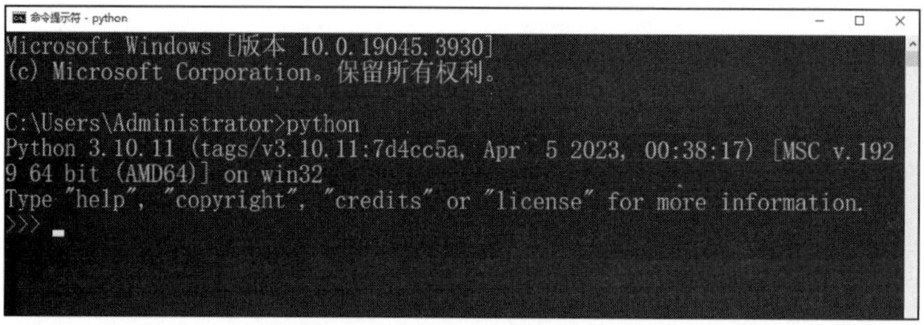

命令提示符 - python
Microsoft Windows [版本 10.0.19045.3930]
(c) Microsoft Corporation。保留所有权利。
C:\Users\Administrator>python
Python 3.10.11 (tags/v3.10.11:7d4cc5a, Apr 5 2023, 00:38:17) [MSC v.192
9 64 bit (AMD64)] on win32
Type "help", "copyright", "credits" or "license" for more information.
>>>

图 6-13　Python 环境测试

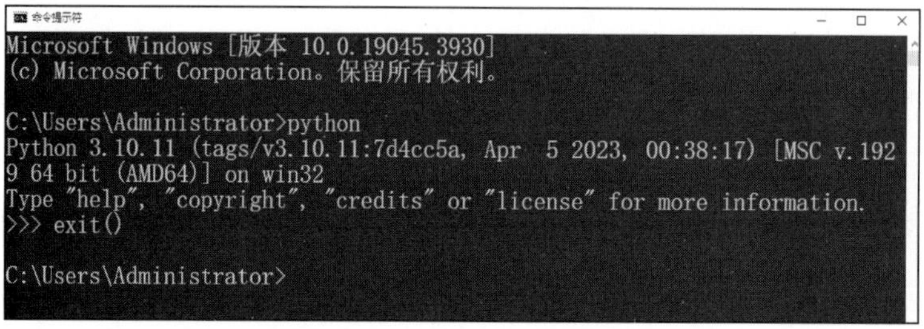

命令提示符
Microsoft Windows [版本 10.0.19045.3930]
(c) Microsoft Corporation。保留所有权利。
C:\Users\Administrator>python
Python 3.10.11 (tags/v3.10.11:7d4cc5a, Apr 5 2023, 00:38:17) [MSC v.192
9 64 bit (AMD64)] on win32
Type "help", "copyright", "credits" or "license" for more information.
>>> exit()
C:\Users\Administrator>

图 6-14　退出 Python 环境

安装过程如图 6-15 所示。

安装完成后，效果如图 6-16 所示。

4. 设置环境变量

出于安全考虑，强烈建议将 API 密钥作为环境变量而不是硬编码到代码中。在开发环境中，添加一个名为 OPENAI_API_KEY 的环境变量，并且不可修改。

在 Windows 系统中，可以将其添加到系统环境变量中，如图 6-17 所示。

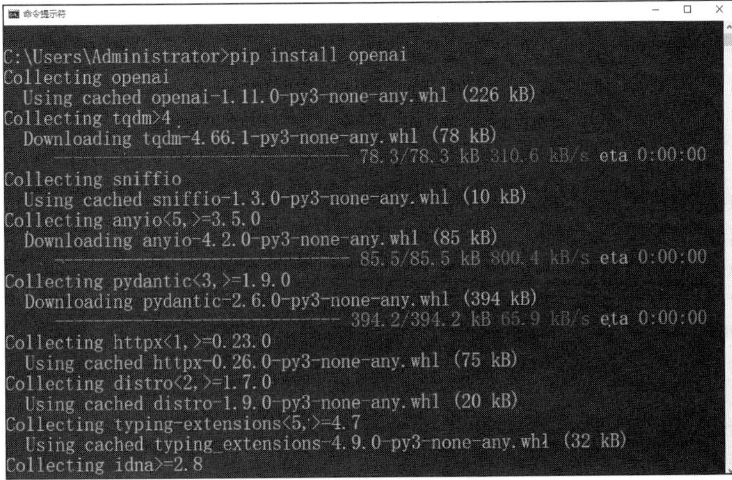

图 6-15　Python 库安装

```
 WARNING: The script httpx.exe is installed in 'C:\Users\Administrator\
AppData\Local\Packages\PythonSoftwareFoundation.Python.3.10_qbz5n2kfra8p
0\LocalCache\local-packages\Python310\Scripts' which is not on PATH.
 Consider adding this directory to PATH or, if you prefer to suppress t
his warning, use --no-warn-script-location.
 WARNING: The script openai.exe is installed in 'C:\Users\Administrator
\AppData\Local\Packages\PythonSoftwareFoundation.Python.3.10_qbz5n2kfra8
p0\LocalCache\local-packages\Python310\Scripts' which is not on PATH.
 Consider adding this directory to PATH or, if you prefer to suppress t
his warning, use --no-warn-script-location.
Successfully installed annotated-types-0.6.0 anyio-4.2.0 certifi-2024.2.
2 colorama-0.4.6 distro-1.9.0 exceptiongroup-1.2.0 h11-0.14.0 httpcore-1
.0.2 httpx-0.26.0 idna-3.6 openai-1.11.0 pydantic-2.6.0 pydantic-core-2.
16.1 sniffio-1.3.0 tqdm-4.66.1 typing-extensions-4.9.0

[notice] A new release of pip is available: 23.0.1 -> 24.0
[notice] To update, run: C:\Users\Administrator\AppData\Local\Microsoft\
WindowsApps\PythonSoftwareFoundation.Python.3.10_qbz5n2kfra8p0\python.ex
e -m pip install --upgrade pip

C:\Users\Administrator>
```

图 6-16　Python 库安装完成

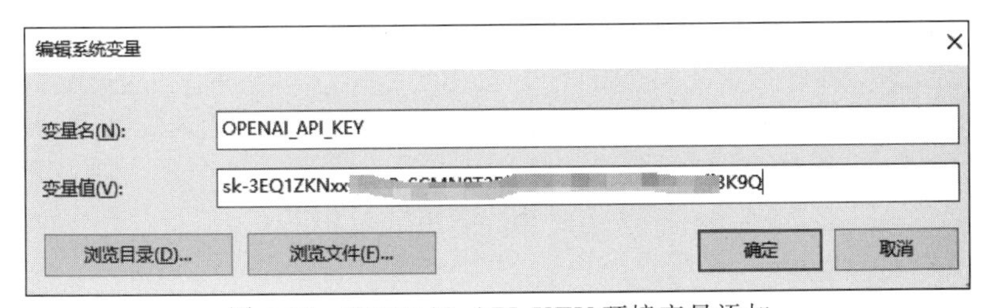

图 6-17　OPENAI_API_KEY 环境变量添加

在 Linux 等操作系统中，可以在 Bash Shell 中使用以下命令添加环境变量：

```
export OPENAI_API_KEY='your-api-key'
```

应将'your-api-key'部分替换为实际的 API 密钥。

5. 调用 Python 库 API

OpenAI 的 Python 库能够直接在程序中使用 API，具体步骤如下。

(1) 导入 OpenAI 库并创建一个 client 对象，代码如下：

```
from openai import OpenAI
#创建 OpenAI 客户端
client =OpenAI()
```

(2) 发起 ChatGPT API 调用请求，获取对话的完成结果，代码如下：

```
#发起 ChatGPT API 调用
response =client.chat.completions.create(
  model="gpt-3.5-turbo",    #指定要使用的模型
  messages=[
    {"role": "user", "content": "写一首只有四句赞美雪的诗"}   #用户发送的消息
  ]
)
```

部分代码的说明如下。

model="gpt-3.5-turbo"：将模型指定为 ChatGPT 的 3.5 版本（Turbo 加速版本）。

messages=[{"role"："user"，"content"："写一首只有四句赞美雪的诗"}]：设置了对话的消息内容，其中角色为 "user"，消息内容为 "写一首只有四句赞美雪的诗"。

response：存储 API 调用的返回结果，包含 ChatGPT 生成的回复。

(3) 打印 API 响应中的内容：

```
#打印生成的内容
print(response.choices[0].message.content)
```

在执行此代码之前，需要确保已经正确地安装了 OpenAI Python 库。如果尚未安装，则可以通过执行 pip install openai 命令来安装。

注意　因为 OpenAI 的 ChatGPT API 是收费的，所以在执行 API 调用之前，建议详细了解 OpenAI 的定价方案。

程序可以正常运行，其输出结果如图 6-18 所示。

如果在执行 API 调用时遇到错误，则程序将返回相应的错误码及对应的错误信息，如图 6-19 所示。

```
ChatGPT_API_Demo.py ×
python > ChatGPT_API_Demo.py > ...
1   from openai import OpenAI
2   # 创建 OpenAI 客户端
3   client = OpenAI()
4
5   # 发起 ChatGPT API 调用
6   response = client.chat.completions.create(
7     model="gpt-3.5-turbo",  # 指定要使用的模型
8     messages=[
9       {"role": "user", "content": "写一首只有四句赞美雪的诗"}  # 用户发送的消息
10    ]
11  )
12  #打印生成的内容
13  print(response.choices[0].message.content)
14

PROBLEMS  OUTPUT  TERMINAL  JUPYTER  DEBUG CONSOLE
尝试新的跨平台 PowerShell https://aka.ms/pscore6

PS E:\openai\python> & C:/Users/Administrator/AppData/Local/Microsoft/WindowsApps/python3
.10.exe e:/openai/python/ChatGPT_API_Demo.py
白雪飘飘洒大地，
银装素裹如童话。
冰清玉洁映天地，
雪中寻找梦想家。
PS E:\openai\python>
```

图 6-18　Python 库 API 调用执行

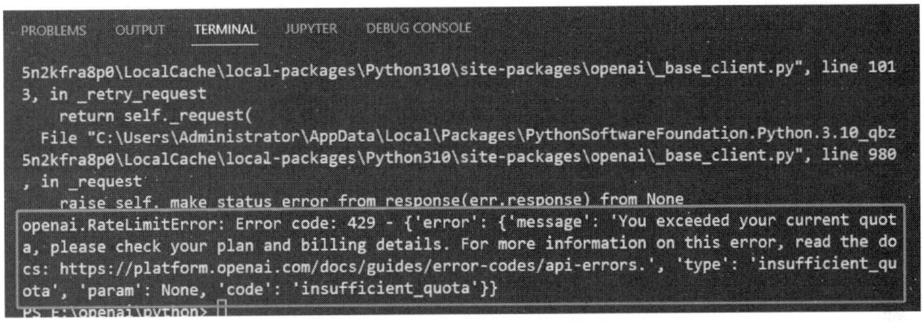

```
PROBLEMS  OUTPUT  TERMINAL  JUPYTER  DEBUG CONSOLE
5n2kfra8p0\LocalCache\local-packages\Python310\site-packages\openai\_base_client.py", line 101
3, in _retry_request
    return self._request(
  File "C:\Users\Administrator\AppData\Local\Packages\PythonSoftwareFoundation.Python.3.10_qbz
5n2kfra8p0\LocalCache\local-packages\Python310\site-packages\openai\_base_client.py", line 980
, in _request
    raise self._make_status_error_from_response(err.response) from None
openai.RateLimitError: Error code: 429 - {'error': {'message': 'You exceeded your current quot
a, please check your plan and billing details. For more information on this error, read the do
cs: https://platform.openai.com/docs/guides/error-codes/api-errors.', 'type': 'insufficient_qu
ota', 'param': None, 'code': 'insufficient_quota'}}
PS E:\openai\python>
```

图 6-19　API 调用错误信息

6. API 错误参考文档

在执行 API 调用时，如果遇到问题，服务器端则会返回相应的错误码。为了更好地理解和解决这些问题，建议查阅 OpenAI API 错误参考文档，如图 6-20 所示。

在这个错误码表中，可以找到导致错误的原因及解决这些问题的方法，如图 6-21 所示。

7. API 速率限制

对 API 的调用次数设有速率限制，这包括每分钟的令牌数量（TPM）、每分钟的请求数量（RPM）及每天的请求数量（RPD）。除此之外，还有一些特定模型的使用限制。可以单击以下链接查阅与您账户相关的具体使用限制信息：https://platform.openai.com/account/limits，如图 6-22 所示。

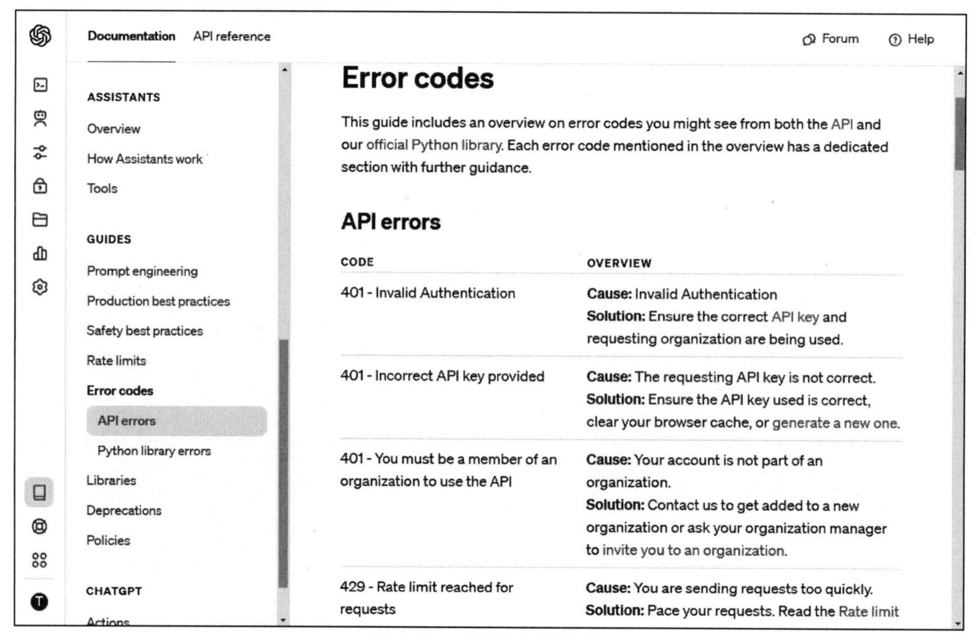

图 6-20　错误参考文档

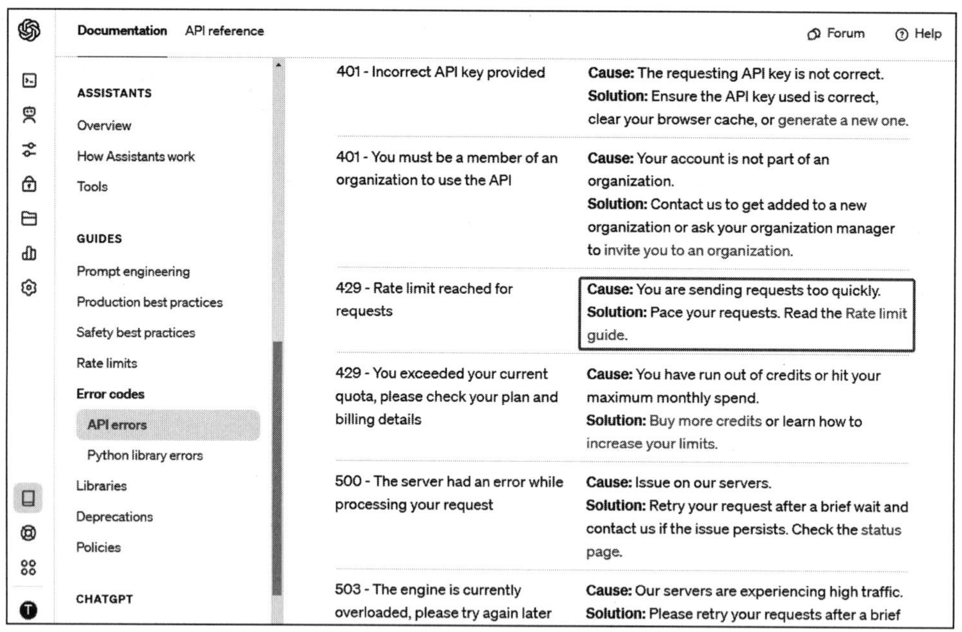

图 6-21　错误原因及解决方法

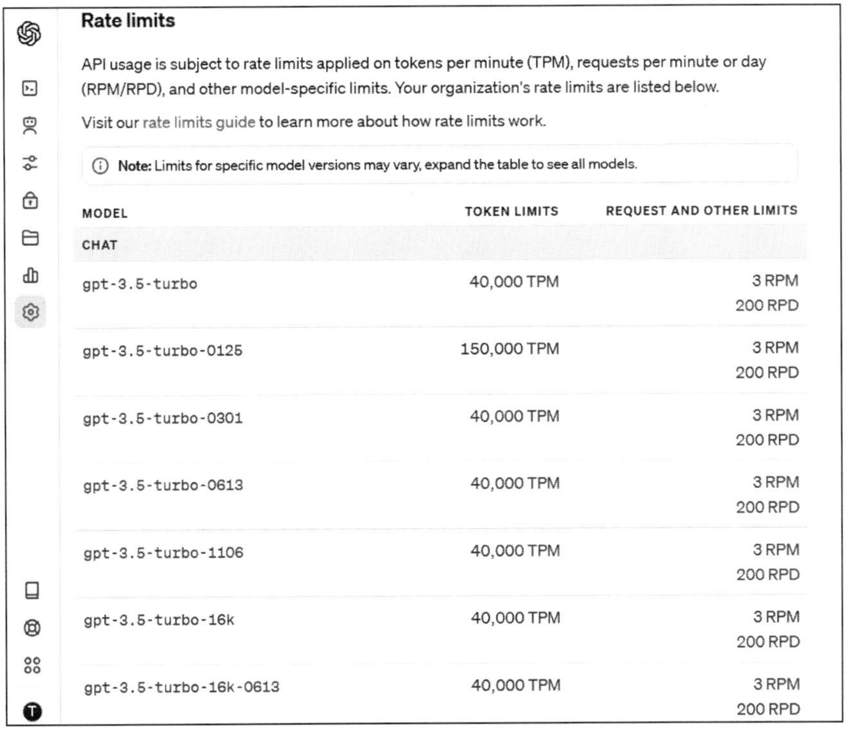

Rate limits

API usage is subject to rate limits applied on tokens per minute (TPM), requests per minute or day (RPM/RPD), and other model-specific limits. Your organization's rate limits are listed below.

Visit our rate limits guide to learn more about how rate limits work.

ⓘ **Note:** Limits for specific model versions may vary, expand the table to see all models.

MODEL	TOKEN LIMITS	REQUEST AND OTHER LIMITS
CHAT		
gpt-3.5-turbo	40,000 TPM	3 RPM 200 RPD
gpt-3.5-turbo-0125	150,000 TPM	3 RPM 200 RPD
gpt-3.5-turbo-0301	40,000 TPM	3 RPM 200 RPD
gpt-3.5-turbo-0613	40,000 TPM	3 RPM 200 RPD
gpt-3.5-turbo-1106	40,000 TPM	3 RPM 200 RPD
gpt-3.5-turbo-16k	40,000 TPM	3 RPM 200 RPD
gpt-3.5-turbo-16k-0613	40,000 TPM	3 RPM 200 RPD

图 6-22 API 速率限制

6.4 个性化聊天助手

为了增强用户体验，对聊天助手进行个性化优化是必不可少的环节。可以从一个基本的 Python 聊天助手代码开始，然后进行必要的改进和优化。以下是一个经过优化的聊天助手示例：

```
from openai import OpenAI

#初始化 OpenAI 客户端
client =OpenAI()

#提供更个性化的交互
def get_chat_response(user_message):
    response =client.chat.completions.create(
        model="gpt-3.5-turbo",  #使用指定的模型,例如 gpt-3.5-turbo
        messages=[
```

```
            {"role": "user", "content": user_message}
        ]
    )
    return response.choices[0].message.content

#运行聊天助手
def run_chatbot():
    print("聊天助手已启动。输入 'exit' 退出。")
    while True:
        user_input =input("\n>>>我:")
        if user_input.lower() =="exit":
            print("聊天助手已关闭。")
            break
        print("\n>>>思考中...")

        #获取响应并输出
        assistant_response =get_chat_response(user_input)
        print(f"助手:{assistant_response}")

#启动主程序
if __name__ =="__main__":
    run_chatbot()
```

在这个改写的代码中，创建了一个 get_chat_response 函数，它将用户输入作为参数，并返回聊天助手的响应。还创建了一个 run_chatbot 函数来处理用户的输入和输出，并调用 get_chat_response 函数获取助手的回复。这样的代码结构更容易理解和维护。此外，通过将聊天循环放在独立的函数 run_chatbot 中，可以更方便地管理聊天会话和添加新功能，例如日志记录、错误处理等。

需要注意的是，需要替换 client = OpenAI()代码行中的 OpenAI 实例化部分，用 OpenAI API 密钥来配置客户端。

运行效果如图 6-23 所示。

个性化还可以包括调整回答的风格，根据用户喜好定制对话内容，或者利用更高级的功能来进一步增强用户体验。持续的细致优化将有助于提高聊天助手的交互品质，从而提升用户的满意度。

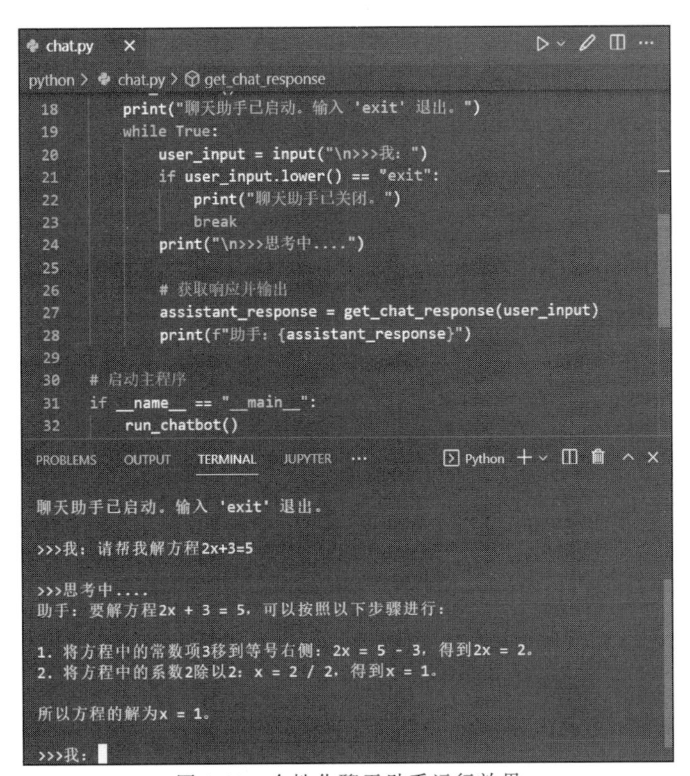

图 6-23　个性化聊天助手运行效果

第 7 章 ChatGPT 使用安全与隐私建议

为确保在与 ChatGPT 互动时个人数据的安全性与隐私性，本章将为用户提供一系列重要的注意事项和建议。

7.1 个人数据保护

在与 ChatGPT 对话时，妥善保管个人数据是避免安全风险的首要步骤。以下是对各类敏感信息的更详尽的保护建议，并提供了具体的防护行动。

（1）身份证号码：公民的身份证号是法律识别的唯一身份凭证，具有高度的私密性。例如，如果想了解如何更换身份证，则应该询问一般的流程，而绝不应该分享实际身份证号码。

防护行动：永远不要输入或透露个人身份证号码或其他任何国家身份识别信息。

（2）银行账户和信用卡信息：这类信息包括账户号码、信用卡号码及安全码和有效期。在任何关于理财或购物的对话中，即使看似无害，也必须保持沉默。

防护行动：避免分享任何可能会被用来进行未授权交易的银行详细信息。

（3）家庭地址和联系方式：地址和电话号码是联系你的直接方式。在谈及送货服务时，应该讨论普遍的情况，而不是个人的实际居住地。

防护行动：避免听筒暴露实际居住地点或联系个人的具体信息。

（4）个人登录凭据：凭证信息非常重要，因为它们是进入账户和服务的关键。如果在探索如何提高某个账户的安全性，则要讨论一般性建议，不要使用真实的密码或账户信息。

防护行动：永远不要共享个人的密码、用户名或任何可以让他人获取你在线账户访问权的信息。

【示例 7-1】

（1）当询问关于信用报告的信息时，可以询问通用的步骤和所需材料，但切勿提供你的社保号或其他个人标识信息。

（2）如果希望以最安全的方式更新银行服务密码，则应询问创建强密码的技巧，但切勿提供当前使用的密码或相关账户细节。

(3) 当讨论有关改进家庭网络安全的知识时,仅讨论设备和软件的一般性信息,避免泄露具有唯一标识的网络硬件地址等敏感数据。

通过实施这些详细的预防措施,可以在与 ChatGPT 的交流中负责任地保护自己的隐私和数据安全。

7.2 防范网络钓鱼和诈骗

在与 ChatGPT 进行交流时,用户应增强安全防护意识,警惕各种潜在的网络钓鱼和诈骗企图。下面是详细的预防建议和示例。

1. 虚假的投资提示

(1) 识破手法:任何非经调查或没有可靠证据的投资"热门提示"或者"快速致富计划"的建议都应当引起用户的怀疑。真正的投资建议应基于事实,并有专业机构或顾问的背书。

(2) 举例说明:当 ChatGPT 被用来询问最近的投资趋势或股票建议时,用户应寻求独立的第三方财经专家的意见,而不是依赖于未知来源所提供的信息。

2. 索取个人资料的欺骗行径

(1) 识破手法:任何要求分享敏感个人信息(例如身份证号、银行账户详情、家庭地址等)的请求都应该被立即识别为潜在的诈骗行为。

(2) 举例说明:在求助于 ChatGPT 时,如果对方提示需要个人信息以便提供帮助,则这很可能是一个信号,表明其背后可能有其他目的。

3. 假冒产品或服务的推销

(1) 识破手法:对于任何看似异常优惠或"独一无二"的产品或服务销售,用户应保持警觉,尤其是在不能直接验证其真实性的在线环境中。

(2) 举例说明:如果 ChatGPT 似乎在销售某个特别的软件或服务,并且承诺它能够显著地改善你的生活或工作效率,则最佳做法是查找独立的产品评价和客户反馈。

4. 进一步行动

(1) 对于不请自来的电子邮件或信息,即使它们声称来自信得过的实体,也要通过其他渠道进行验证。

(2) 确保任何在线交易都是在加密和安全的网站上进行的。

(3) 定期更新防病毒软件和防钓鱼程序,确保所有的网络防护措施都是最新的。

(4) 学习和教育自己如何识别和处理网络诈骗企图,例如通过在线安全课程和实时的欺诈防范指导。

(5) 在提供任何形式的支付方式之前,通过可靠来源仔细检查企业或个人的信誉记录。

通过将这些策略运用到实践中,用户能够更加有效地识别并应对网络钓鱼和诈骗的威胁。

7.3 未成年人使用须监护人陪同

对于未成年人使用某些服务或参与某些活动时，监护人的陪同往往是必要的。这种规定是为了确保未成年人的安全，同时赋予监护人对未成年人进行适当指导的责任。以下是关于此类规定的详细说明。

1. 强化监护责任

在众多环境和场合中，监护责任的强化是确保未成年人安全的关键。以下是如何在不同的情境下强化监护责任的具体要求。

1）监护人监督义务

确认监护人了解自己在未成年人参与活动或使用特定服务时的监督义务。监护人应随时了解未成年人的行为，并相应地提供指导。

2）安全指南和规则

提供清晰的安全指南及必须遵守的规则，确保监护人知道如何在各种情况下保护未成年人的安全。

3）风险告知和应对措施

事先向监护人充分披露任何潜在风险，并教导他们如何采取预防措施及在紧急情况下的应对策略。

4）参与式监护

鼓励监护人积极参与未成年人的活动，以便更好地理解活动内容和未成年人的参与方式，从而提供有效的支持和保护。

5）沟通渠道的建立

确保监护人知道如何与组织者或服务提供者沟通。提供明确的联系方式以便于在需要时能立即取得联系。

6）法律责任的认识

使监护人清楚地认识到自己在法律上对未成年人的责任，在未成年人遭受伤害或导致他人受伤时可能的后果。

7）保密与隐私的尊重

指导监护人尊重未成年人的隐私，同时教育他们在涉及保密信息（如个人识别信息）时的正确处理方法。

强化监护责任是维护未成年人安全和提供成长支持的基石，它需要监护人的认真、负责和积极参与。通过确保这些原则被理解并实施，监护人可以为未成年人创建一个安全和积极的成长环境。

2. 制定和执行年龄限制指引

年龄限制的指引对于确保未成年人在适宜的环境下成长及发展至关重要，同时也帮助监护人了解何时需要亲自监督。以下是一些设置和执行年龄限制时的关键点。

1）制定年龄限制

设定年龄限制需要根据未成年人的发展阶段和能力合理制定。例如，对于影视内容、游戏、活动等设置适当的年龄评级。

2）清晰的标示和说明

在服务或活动场所明显的位置或在产品的包装上清楚标示年龄限制，并提供简单的理由，以此说明限制的必要性。

3）培训服务人员

对提供服务的人员进行培训，确保他们了解并能妥善执行年龄限制政策，并能对有疑问的监护人提供解释。

4）宣传和教育

通过多种渠道宣传年龄限制的重要性，同时提供相关教育资源以帮助监护人理解不同阶段儿童的需求和限制的依据。

5）监督和执行力度

确保有足够的监督存在，以执行年龄限制，并对违反年龄规定的行为进行适当处理。

6）线上年龄验证

如果服务或内容在线上提供，则应实施有效的年龄验证措施，确保用户符合年龄限制要求。

7）监护人责任的再强调

在说明年龄限制时，重申监护人的责任，包括伴随孩子参与活动、监督孩子的媒体使用等。

8）示例场景

（1）电影分级制度：确保监护人了解不同分级（如美国电影分级制度：G、PG、PG-13、R、NC-17）的含义，以及影院如何执行这些年龄限制。

（2）购买成人游戏或影视产品：零售人员应在销售时检查买家的年龄，确保其符合产品的年龄限制。

通过这些措施的实施，可以保护未成年人接触到不适宜的内容或过于危险的活动，并帮助他们在一个更加安全和健康的环境中成长。

3. 在线安全和隐私保护

当涉及未成年人使用互联网和在线服务时，他们的安全和隐私保护显得尤为重要。以下是几个关键点，帮助未成年人及其监护人进行有效的在线安全和隐私保护。

1）教育和意识提升

对未成年人进行教育，使其了解互联网中的潜在风险，包括网络欺诈、身份盗窃、网络欺凌及不恰当的内容。

2）强化隐私设置

诱导监护人和未成年人设置强大的隐私保护措施，例如社交媒体账号的隐私设置，以限制谁可以看到其个人信息和帖子。

3）安全软件的使用

推荐使用家长控制软件、防病毒软件及网络过滤工具，以预防未成年人接触到不适当的内容或恶意软件。

4）定期监管

建议监护人定期监督孩子的在线活动，交谈关于他们在网络上的体验，一起设定安全规则。

5）设定界限

为未成年人上网设定界限，诸如上网时间、可访问的网站及可以进行的网络活动。

6）创建安全环境

提倡在可视的家庭共享区域使用计算机和其他设备，而非在私人空间，以便监护人可以更好地进行监督。

7）密码安全教育

教导未成年人创建复杂的密码，并定期更换密码，以及不在网上与他人分享密码。

8）防止信息过度共享

强调不要在网上公开过多个人信息，如家庭住址、学校信息或其他可用以识别个人身份的数据。

9）应对网络欺凌

教育未成年人识别网络欺凌的行为，并提供明确的步骤如何报告和应对。

10）示例场景

（1）社交媒体活动：指导未成年人和监护人一起检查并调整社交媒体账户的隐私设置，确保仅与信任的朋友和家人分享内容。

（2）在家网络使用：教授监护人如何设置和维护一个安全的家庭网络，包括安全WiFi、家长控制和监督孩子的网络使用习惯。

提倡并执行这些在线安全和隐私保护措施，不仅可以预防未成年人在用网过程中可能遇到的安全问题，也可以促进他们培养成为负责任的数字公民。

4. 确保内容适宜

确保未成年人接触到的内容是适宜的，需要家长、教育机构及内容提供者共同负责。以下是几个关键策略，以确保内容的适宜性。

1）内容分级系统

利用影视、游戏和书籍等内容的分级系统来指导未成年人和家长选择适宜的内容。例如，电影分级制度、电子游戏分级（如ESRB）等。

2）家长控制功能

家长应当使用电子设备和在线平台提供的家长控制功能来限制未成年人接触到不适当的内容。

3）监管和审查

家长要主动监管孩子的媒体消费行为，了解他们观看的节目、玩的游戏及阅读的资料。

4）教育适宜性选择

家长和教师需要指导未成年人如何进行适宜性选择，并教育他们使用评价系统来判断内容是否恰当。

5）透明的内容提供

内容提供者应当确保所有的内容都有清晰的标签和描述，便于监护人在允许孩子接触这些内容前进行评估。

6）高质量内容的推广

鼓励制作和推广高质量、教育性、寓教于乐的内容给未成年人，以培养其积极的价值观。

7）与内容提供者合作

家长和教育机构应当与内容提供者合作，促进制定更为严格的内容审查机制和更为明确的分级标准。

8）网络综合性学习工具

利用网络上的评价标准、测评工具和推荐系统，帮助监护人识别并选择适合未成年人的内容。

9）示例场景

（1）选择电视节目和电影：监护人可以参考电影分级和电视指南，选择适宜年龄的节目，并和孩子一起观看，以便讨论内容和传达价值观。

（2）在线学习材料的筛选：老师和家长可以利用专为儿童设立的教育性网站和应用程序，为未成年人提供安全和信息性的学习资源。

通过采纳和推行这些策略，可以提高家长和监护人的意识，帮助他们在确保未成年人接触适宜内容的同时，也为其提供有益于智力和情感发展的资源。

7.4　持续更新安全知识与措施

为应对不断变化的网络安全威胁，持续更新自身的安全知识和采取相应的保护措施至关重要。这不仅涉及定时更新操作系统和应用程序来修补已知安全漏洞，还包括对最前沿的保护技术保持警觉，并主动学习应对新型网络攻击的策略。

通过安装最新的软件补丁和升级，可以在很大程度上保护设备免受攻击，同时减少因安全漏洞而可能引发的风险。此外，了解应用的最新安全功能和设置，以便更好地控制个人资料和隐私。

遵循这些建议，用户可以更安全地进行在线交流，优化 ChatGPT 的使用体验，同时也可以大幅度降低遭遇网络安全威胁和隐私泄露的概率。自我教育和主动防护是确保在线互动不受侵害的关键步骤。

第 8 章

ChatGPT 未来前景展望

前面章节讲解了 ChatGPT 的原理、实现方式及其在当前社会中的各种应用。现在，让我们探讨一下对于这一技术未来发展的前景。

8.1 技术优化和模型细化

随着人工智能技术的持续进步，ChatGPT 在技术优化和模型细化方面的发展前景被看好。本节将详细探讨这一领域的未来发展。

1. 神经网络的改进

ChatGPT 的核心技术之一是神经网络，特别是变换器模型(Transformer)。未来，可以预期会有算法上的突破，例如更深层次的网络结构，或者更高效的训练技巧，使模型在理解语言上变得更加精准。此外，能够自主创新的神经网络可能会出现，这些网络可以自我优化其结构和参数以适应多变的数据和任务需求。

2. 优化的预训练技术

ChatGPT 目前依赖于大量的预训练，这个过程需要大量的数据和计算资源。未来，预训练技术可能会更加高效，以较少的资源获得更好的性能。例如，使用更智能的采样技术，挑选那些对提高模型性能最有帮助的数据进行训练，或者开发新的预训练任务，更好地模拟真实世界中的语言使用场景。

3. 参数效率的提高

为了处理复杂任务，当前的 GPT 模型通常拥有数十亿甚至数百亿个参数。随着技术的进步，未来的模型可能会实现在参数数量不增加甚至减少的情况下，提升处理能力和准确性。参数共享、网络剪枝等技术可能会得到更广泛的应用。

4. 节能和可持续的模型

目前大规模的模型训练和部署需要消耗大量的电力，而节能和可持续性是未来技术发展的重要方向，因此，开发能够在节省能源的同时保持高效性能的模型，将是未来的一个重要任务。这也可能包括开发专门的硬件来更有效地运行这些模型。

5. 新架构的尝试

未来，ChatGPT 可以尝试新的神经网络架构，这些架构可能更适合处理特定类型的任务，例如情感分析、幽默生成、创意写作等。通过专门化的设计，ChatGPT 可以在各个领域的应用中发挥更大的潜力。

6. 强化深度学习与强化学习结合

将深度学习与强化学习结合起来，可以使 ChatGPT 在与用户交流的过程中实现自我学习和适应。这种结合可以令 ChatGPT 在对话中更加灵活，更好地满足用户的个性化需求。

技术优化和模型细化是 ChatGPT 发展道路上不可或缺的步骤。未来的创新不仅应提高模型的准确性和灵活性，也应使这些高级技术更加环保和可持续。技术的发展将带来更加智能的 ChatGPT，使其能在各个场景下更好地服务于人类。

8.2 应用范围的扩大

ChatGPT 的应用领域正在从一般性的文本生成和问答对话扩展到更多具有专业性和技术性的领域。以下是 ChatGPT 应用范围扩大的几个方向。

8.2.1 医疗健康

在医疗健康领域中，ChatGPT 能够担当多个角色，这里将详细探讨其应用及必要的优化方向。

1. 患者教育

ChatGPT 可以作为一个信息丰富的医疗咨询工具，帮助患者更好地理解他们的健康状况和治疗选项。对于复杂的医疗术语和诊疗流程，ChatGPT 可以以易懂的方式进行解释，提供与疾病相关的科普知识。

优化方向：

(1) 集成最新医疗知识库，确保信息更新及时。

(2) 定期与医疗专业人士同步，以准确把握医学术语和概念。

2. 支持诊断过程

ChatGPT 可以帮助初步收集症状信息，为医生提供更全面的患者情况，并可能根据已知信息做出初步的疾病倾向性分析。

优化方向：

(1) 引入自然语言处理高级功能，以便更准确地理解和分类症状描述。

(2) 确保与医学数据库和指南的接口，以提供基于证据的医学信息。

3. 病历整理和分析

ChatGPT 可以帮助医生整理病历，抽取关键信息，促进不同医疗团队成员间的信息共享。它可以分析患者的病史，为医生提供潜在的健康趋势和相关风险。

优化方向：

(1) 保证数据隐私和安全，符合医疗数据保护法规。

(2) 开发高级的文本分析和数据挖掘技术，以识别和总结关键医疗事件。

4. 检测结果解读

聊天助手可被训练以帮助翻译和解释检测结果，帮助患者理解结果的含义，提供下一步的建议。

优化方向：

(1) 与现有电子健康记录(EHR)系统集成，以直接获取和分析检验结果。

(2) 定制化模型以理解和解释专业的医学图像和生化报告。

5. 虚拟健康助理

ChatGPT 可以成为用户的日常健康助理，提供定制化的健康提示，如服用药物提醒和生活习惯改进建议等。

优化方向：

(1) 整合行为科学理论，以设计更有影响力的健康信息传播。

(2) 学习患者个人的健康信息，提供更定制化的建议和提醒。

ChatGPT 在医疗健康领域的广泛应用前景是明确的。它有潜力提高医疗服务的效率和质量，同时让患者感到更加被支持和有知情权，然而，要充分发挥其潜力，必须确保与医学专家的紧密合作，严格遵守医疗伦理和法规，并不断地提高其准确性和安全性。

8.2.2 法律咨询

在法律咨询领域，ChatGPT 的应用可以减轻法律专业人士的负担，同时向公众提供便捷的法律支持。下面将对 ChatGPT 在法律领域的作用进行更详细的分析和展望。

1. 法律信息获取

ChatGPT 可以快速检索法律条文、案例和相关解释文章，为用户提供及时的法律信息。用户可以通过提问得到对特定法律条款的解释，或了解特定法律问题的一般解答。

优化方向：

(1) 增加对具体法域和行业的理解，以便提供针对性的法律信息。

(2) 和法律数据库建立连接，保持信息最新和全面。

2. 合同和文书草拟

ChatGPT 可以自动生成或草拟标准合同文书，例如租赁合同、雇用合同和各类法律声明。用户可以根据自身需求输入具体条件，ChatGPT 则能在此基础上输出初步的合同文案。

优化方向：

(1) 开发更加复杂的文本生成模型，以满足各种法律文件的定制化需求。

(2) 设计交互式界面，方便用户提供必要信息并反馈文本草案。

3. 法律问答服务

用户可以向 ChatGPT 提出具体的法律问题，ChatGPT 根据已有的法律知识库提供参考答案，帮助用户理解法律问题及潜在的法律风险。

优化方向：

(1) 增强理解复杂问题的能力，提升回答问题的准确性。

(2) 明确告知用户其回答是基于现有信息的参考，并非法律意见。

4. 法律研究和分析辅助

ChatGPT 可以帮助律师进行快速的法律研究，如查找相关判例、法律论文及历史案例分析，节省大量的时间和精力。

优化方向：

(1) 加强自然语言处理的能力，精准地识别和解读专业法律文献。

(2) 配置更高级别的摘要和关键信息提取功能。

5. 互动模拟

为了帮助法律实习生或学生练习，ChatGPT 可以模拟不同的角色（如法官、对方律师、客户等），进行模拟庭审和其他法律练习。

优化方向：

(1) 仿真真实的法律辩论环境，给予实时反馈以提升学习效果。

(2) 集成案例库，提供丰富的实操练习材料。

6. 法律英语教学

ChatGPT 可以作为法律英语学习的工具，帮助非英语母语的法律专业人士掌握与法律相关的英语表达和术语。

优化方向：

(1) 分析和学习法律语言特定的句式和用词。

(2) 提供多样化的法律英语学习场景和练习。

ChatGPT 在法律咨询领域的应用，有潜力成为法律工作和学习的重要辅助工具，然而，由于法律领域具有高度专业性和严格的责任要求，ChatGPT 的开发和应用需要考虑精准性和可靠性。合作训练与专业法律人士的密切合作是实现这一目标的重要步骤。同时，用户应明白聊天助手的限制，并在需要时寻求专业的法律意见。

8.2.3 心理辅导

ChatGPT 在心理辅导领域的应用能为个人提供初步的支持和引导，以下将详细说明其在这方面的潜在作用和发展方向。

1. 压力和情绪管理

ChatGPT 能够提供基于认知行为技术的策略，帮助用户识别和管理日常生活中的压力和不良情绪。聊天助手可以引导用户通过一系列问题来探索其情绪状态，并提供应对策略。

优化方向：

(1) 强化情绪识别算法，更准确地捕捉和响应用户的情绪表现。

(2) 融合心理学原理，提供科学且有效的压力释放建议和心理练习。

2. 心理健康教育

ChatGPT 可以普及心理健康知识，解释常见心理问题的原因和影响，提高公众对心理健康重要性的认识。它还可以教授基本的心理自我照顾方法，帮助用户建立积极的心态。

优化方向：

(1) 定期更新心理健康和自我照顾的内容，确保信息准确并且贴合最新的心理学研究。

(2) 设计更互动的教育模块，提升用户学习体验。

3. 动机激励与人生指导

用户在面对人生目标和职业发展时可能需要动力和建议，ChatGPT 可以依据用户的情境提供个性化的鼓励和支持性反馈。

优化方向：

(1) 研究并集成积极心理学元素，激发用户的积极性和自我提升的动力。

(2) 发展个性化分析技术，根据用户的反馈为其定制激励方案。

4. 认知行为疗法辅助

作为认知行为疗法(CBT)的补充，ChatGPT 可以提供日常的心理练习和行为任务，帮助用户识别和改变负面思维模式。

优化方向：

(1) 开发定制的 CBT 模块，可以按照用户特定的问题提供相应练习。

(2) 强化用户互动体验，确保跟踪练习完成情况和效果反馈。

5. 危机干预

在紧急情况下，ChatGPT 能够提供危机干预信息，指导用户寻求专业帮助，或提供紧急心理支持的联系方式。

优化方向：

(1) 设置关键词触发机制，当用户表达危机情绪时自动提供相关资源。

(2) 集成各国家和地区的危机干预热线和资源信息。

虽然 ChatGPT 在心理辅导上有诸多潜力，但它不能取代专业的心理医生或心理咨询师。ChatGPT 的角色应定位为支持性和教育性的，旨在促进心理健康意识和提供初步的自我帮助工具。为了确保服务质量与安全性，对于隐私和伦理的关注不可或缺。用户在使用此类工具时也应保持警惕，并在必要时寻求专业支持。

8.2.4 教育和培训

ChatGPT 在教育和培训中的应用可以大幅提升个体化学习体验，并辅助教育工作者减轻工作压力。在此框架下，以下是 ChatGPT 在这一领域的具体应用细化与优化方向。

1. 个性化学习辅导

ChatGPT 能够根据学生的知识水平、学习风格和进度提供定制化的学习建议和资源。通过对学生的回答和互动进行反馈分析，ChatGPT 可以逐步调整教学方法，帮助学生高效学习。

优化方向：

(1) 利用机器学习技术分析学生的学习模式，持续优化个性化学习计划。

(2) 集成视觉和听觉多媒体教学资源，丰富学习体验。

2. 作业批改与反馈

通过自然语言处理技术，ChatGPT 可以自动批改客观题和简答题，为学生提供及时的评分和解释，同时将结果反馈给教师。

优化方向：

(1) 开发更加精准的自动评分算法，特别是对于开放式问题的理解和评价。

(2) 设计易用的反馈系统，使教师能够快速检视和调整评分标准。

3. 教育内容创作

ChatGPT 可以创作包括科普文章、历史故事、解决问题的策略等在内的教育内容，以启发学生思考和兴趣。

优化方向：

(1) 提高写作内容的准确性和趣味性，提供更符合教学大纲的材料。

(2) 设计互动性问题和活动，以深化学生对知识的理解和记忆。

4. 教师辅助支持

ChatGPT 可以帮助教师策划课程、设计教学活动和管理班级，这样教师就可以更加专注于教学本身。

优化方向：

(1) 开发更细致的教学资源管理工具，帮助教师高效地安排课程和活动。

(2) 强化班级管理功能，如考勤跟踪和学生参与度分析。

5. 在线教育平台集成

聊天助手可以被集成到现有的在线教育平台中，提供实时答疑、课程推荐、学习进度跟踪等服务。

优化方向：

(1) 与在线教育平台 API 接口深度整合，实现无缝的用户体验。

(2) 利用大数据分析预测学生学习需求，个性化推荐课程和资源。

将 ChatGPT 应用于教育和培训不仅能带来个性化的学习途径，还能加强学生的主动学习和批判性思维技能。同时，它也能成为教师在日常教学过程中的得力助手。技术的持续发展和创新可望在未来形成更加智能化、互动化的教育环境，然而，重要的是保持教育的本质价值和确保技术辅助而非替代教师与学习者之间的直接互动。

8.2.5 客户服务

ChatGPT 在客户服务领域的应用不仅可以提升效率，还可以带来更高水平的客户满意度。以下是 ChatGPT 在客户服务中的具体应用细化与优化方向。

1. 问题解答与信息提供

用户可以随时向 ChatGPT 查询产品信息、使用帮助和解决策略。ChatGPT 可以即时回答，确保用户快速获取所需信息。

优化方向：

(1) 持续更新和扩充知识库以覆盖更广泛的问题。

(2) 强化自然语言理解能力，以便更好地处理复杂和模糊的查询。

2. 情绪识别与个性化互动

通过分析用户的言辞和行为，ChatGPT 能够识别用户的情绪状态，并据此调整交流方式，提供更贴心、个性化的服务体验。

优化方向：

(1) 整合先进的情绪分析算法，准确捕捉和响应用户的情绪变化。

(2) 根据用户情绪和反馈调整回答风格和内容，做到更加人性化的服务。

3. 复杂请求处理

ChatGPT 能够理解和处理用户提出的复杂请求，如退款流程、保修服务或产品自定义等。

优化方向：

(1) 提升问题解决策略的智能化和灵活性，以便处理更为复杂的情况。

(2) 引入决策支持系统，协助客服人员高效地管理复杂的查询和请求。

4. 多轮交互管理

ChatGPT 可以进行持续的对话和多轮交互，准确追踪对话上下文，使客户在整个沟通过程中获得连贯和协同的体验。

优化方向：

(1) 加强对话系统的上下文追踪能力，确保信息连贯性。

(2) 引入更加智能的对话管理策略，优化用户交互过程。

5. 售后服务与反馈收集

ChatGPT 可以协助企业执行售后服务流程，定期跟进客户的产品使用情况，并收集反馈用于产品和服务的改进。

优化方向：

(1) 建立有效的反馈循环机制，使企业能够根据客户意见持续改进。

(2) 设计和集成用户满意度调查，以精确衡量服务质量。

作为客户服务领域中人工智能的重要角色，ChatGPT 既能简化服务流程，也能提供更加丰富和个性化的客户体验，然而，保持服务的人性化和对个体需求的敏感度是提升客户满意度的关键。未来，随着技术的不断进步，ChatGPT 有潜力成为不可或缺的客户服务解决方案。在此过程中，如何平衡自动化服务和人工服务之间的界限，将是一个需要细心考量的议题。

8.2.6 娱乐和创意产业

ChatGPT 在娱乐和创意产业方面的应用可为艺术创作提供无限可能，以下是 ChatGPT 在这一领域的应用细化与优化方向。

1. 音乐创作

ChatGPT 能够利用其语言模型生成有创意的歌词，在特定的音乐风格或主题要求下，辅助音乐家创作新曲。

优化方向：

(1) 专门训练模型以掌握不同音乐风格和流派的歌词创作。

(2) 引入音乐理论和结构的知识，增强生成歌词的艺术性和专业性。

2. 剧本和故事编写

根据给定的情节框架或主题，ChatGPT 可以编写剧本，甚至编写完整的故事。它也可以为现有剧本提供改写建议和创意发展。

优化方向：

(1) 增强对不同剧作元素的理解，如角色发展、对白和情节设置。

(2) 提供个性化的创意输出，确保故事的独特性和原创性。

3. 电子游戏内容创作

ChatGPT 可以参与电子游戏的对白写作和任务设计，并创作交互式的剧情，为玩家提供丰富的游戏体验。

优化方向：

(1) 与游戏引擎集成，实现剧情的动态生成和适应性变化。

(2) 训练模型以理解游戏设计的复杂性，提供更符合游戏世界观的内容。

4. 动画和漫画脚本创作

ChatGPT 可以辅助创作动画片或漫画的脚本，结合视觉艺术和叙事，为艺术家提供灵感和文本内容。

优化方向：

(1) 了解视觉叙事的特点，优化用于动画和漫画的对话和叙述技巧。

(2) 提供互动式脚本创作工具，支持艺术家即时地进行内容编辑和调整。

5. 创造性广告和营销

ChatGPT 可以生成创意广告文案和营销活动的剧本，帮助品牌通过独特和吸引人的内容与客户建立联系。

优化方向：

(1) 特化模型以产生符合特定品牌声音和风格的文案。

(2) 整合市场趋势和消费者行为数据，创造更有效的广告策略。

6. 艺术评论和分析

ChatGPT 可以对艺术品进行评论和分析，帮助艺术爱好者和专业人士更深入地理解艺术作品背后的价值和技艺。

优化方向：

(1) 根据艺术历史和理论知识进行训练，提高评论的专业度和深度。

(2) 发展模型的批判性思维，从多角度对艺术作品进行分析。

虽然 ChatGPT 在娱乐和创意产业中的应用前景广阔，但需要注意，艺术创作深受个人经验和情感影响，ChatGPT 提供的创意支持应视为辅助工具而非替代品。技术进步将持续扩展 ChatGPT 在艺术创作领域的应用范围，但应保持对人类艺术家创造力的尊重和推崇。未来的关键在于怎样有效融合 ChatGPT 的能力与人类艺术家的独特视角，创造出更为丰富和多元的艺术作品。

8.2.7 语言学习

在语言学习领域内，ChatGPT 可以帮助学习者通过模拟对话交流提升语言能力，以下是 ChatGPT 在这一领域具体的应用细化与优化方向。

1. 对话练习

ChatGPT 能够模拟不同的交流场景，如在饭店点餐、商场购物或日常交流，帮助用户以对话的形式练习及使用新语言。

优化方向：

(1) 扩展和丰富对话场景库，涵盖更广泛的生活和专业领域。

(2) 引入多语言处理能力，提供更加精准和地道的对话模拟。

2. 语音发音指导

ChatGPT 可以通过语音交互功能聆听用户的发音，并提供校正建议，帮助改善语言发音。

优化方向：

(1) 集成高级语音分析技术，提高发音评估的准确性。

(2) 开发互动式发音练习模块，增加语音训练的趣味性和效果。

3. 语法和词汇学习

除了提供日常对话练习，ChatGPT 还能帮助用户学习语法规则和扩展词汇量，提供练习题和解释。

优化方向：

(1) 强化语法分析算法，更好地识别和解释复杂语法结构。

(2) 设计自适应学习计划，根据用户水平推送个性化的学习内容。

4. 互动反馈和纠正

在交流过程中，ChatGPT 可以提供即时的语言使用反馈，指出用户的错误，并提供正确的表达方式。

优化方向：

(1) 提高实时反馈机制的效率和准确性，快速纠正用户错误。

(2) 鼓励正面反馈，增强学习者的信心和持续学习的动力。

5. 文化和习俗介绍

ChatGPT 也可以提供与目标语言相关的文化、历史和习俗信息，帮助用户更全面地理解语言背后的文化背景。

优化方向：

(1) 融入文化教育元素，提升语言学习的文化和情境意识。

(2) 设计交互式文化学习活动，增强学习体验。

ChatGPT 作为语言学习助手，可以为用户提供全方位的学习支持，然而，得益于技术的不断进步，ChatGPT 未来将能够提供更有针对性和人性化的学习体验。它将帮助语言学习者跨越语言障碍，快速提升语言能力，同时了解新语言所蕴含的多元文化。在此基础上，ChatGPT 也可能会成为全球化时代语言学习的重要工具。

以上是 ChatGPT 未来可能拓展应用范围的几个例子。在每个专业领域中，ChatGPT 都需要进行针对性的训练和优化，以提供更专业、更符合实际需求的服务。随着技术的不断进步和跨领域合作的日益加强，ChatGPT 将能更好地为人们的工作和生活带来便利。

8.3 交互体验的丰富

在 ChatGPT 的使用和发展中，丰富的交互体验是提升用户满意度和增加用户黏性的关键因素。以下是针对交互体验丰富性的编写内容。

1. 个性化定制

用户可以根据自己的喜好和需求定制 ChatGPT 的交互方式。这涉及语言风格的选择、对话节奏的调整及反馈方式的多样化。

(1) 为用户提供多种预设的个性化配置选项，例如正式、亲切、幽默等不同的对话风格。

(2) 允许用户设定对话速度和回答详细程度，以适应不同用户的阅读习惯。

(3) 结合用户过往的交互记录，智能地推荐个性化选项，不断优化交互体验。

2. 视觉和声音元素的整合

结合视觉和声音元素，可以让 ChatGPT 的交互体验更加丰富多彩，提高用户的沉浸感。

(1) 集成多媒体功能，如文字和语音的转换，让 ChatGPT 能够朗读文本，提升交互的便利性。

(2) 引入表情和动态图片支持，使 ChatGPT 可以通过表情和 GIF 图像来表达情感和反应。

(3) 开发相应的移动应用或小程序，提供图形用户界面(GUI)，提升整体的用户体验。

3. 智能化交互指导

ChatGPT 可以通过智能分析用户的习惯和偏好，主动提供操作指导和建议，使交互更加直观和高效。

(1) 设计引导性对话,帮助新用户快速理解 ChatGPT 的功能和使用方法。

(2) 根据用户的操作习惯,提示优化的交互方式或捷径,提升使用效率。

(3) 观察用户的反馈和行为,主动提出建议和帮助,提高用户满意度。

4. 跨平台协作体验

为了让用户能够无缝地在不同平台上使用 ChatGPT,需要提供一致的交互体验,并支持跨设备的数据同步。

(1) 开发 Web 应用、桌面客户端和移动应用等多个版本,保持界面和操作流程的一致性。

(2) 实现跨平台的用户数据和对话历史记录同步,便于用户在任何设备上接续之前的交互。

(3) 支持与其他应用程序或服务的集成,允许用户在 ChatGPT 内部切换不同的功能和服务。

5. 互动性的增强

通过引入游戏化元素和挑战任务,可以提高 ChatGPT 的交互趣味性,并激发用户的参与热情。

(1) 设计互动游戏和挑战,例如语言学习挑战、脑筋急转弯等游戏,增加娱乐性。

(2) 提供成就系统和奖励机制,鼓励用户完成特定任务,以增强参与度。

(3) 开放用户之间的互动和竞争,通过社区功能增加用户的交流和互助。

交互体验是用户继续使用 ChatGPT 的重要因素,因此,不断地优化和丰富用户的交互体验至关重要。通过个性化定制、视听元素的融合、智能化指导、跨平台的连贯体验及互动性的提升,ChatGPT 不仅能满足用户的基础需求,还能提供更有趣、更便捷、更高效的交互体验。

8.4 智能自适应与学习

为了提升 ChatGPT 的性能和用户体验,智能自适应与学习是至关重要的部分。这一部分的内容涉及了解如何进行智能自适应及如何让 ChatGPT 更好地学习用户的偏好和行为来提升交互质量。

1. 智能自适应系统

ChatGPT 能够根据用户的交互行为和反馈,智能地调整自己的行为和回复策略来更好地服务于用户。

(1) 利用机器学习技术分析用户的使用习惯和偏好,定制化回复内容和交互风格。

(2) 随着用户的反馈和评分,系统逐渐优化问题解决方案,提供更加精准的帮助。

(3) 在对话过程中实行上下文自适应,确保对话连贯性和相关性。

2. 用户行为学习

通过监控和分析用户在与 ChatGPT 交互过程中的行为模式,系统可以不断地学习以提高对话体验。

(1) 跟踪用户提问的主题和频率,从而更好地预测用户可能的需求。

(2) 记录用户对于 ChatGPT 反馈的偏好,随时调整响应效果。

(3) 对用户满意度低的回答进行深入分析,提高问题诊断和解决能力。

3. 长期记忆与优化

一个良好的智能系统需要拥有长期的记忆能力,累积用户信息和历史交互,以便进行深度学习和优化。

(1) 构建稳定的记忆库,存储用户的长期偏好和习惯,作为未来交互的参照。

(2) 通过长期数据分析,识别出用户行为的模式和趋势,用以定期调整算法。

(3) 确保隐私和安全性,在用户同意的基础上进行个性化服务的学习和优化。

4. 动态知识更新

随着时间的进步和知识的不断更新,ChatGPT 也需要不断地学习和积累新知识。

(1) 实现实时网络信息的获取和学习,让 ChatGPT 跟上时代发展的步伐。

(2) 定期对模型进行训练和更新,确保信息的准确性和回答的时效性。

(3) 引入用户主动教学机制,允许用户参与知识库的完善和更新。

5. 多样性与复杂性训练

为了处理更复杂的问题和提供更丰富的交互体验,ChatGPT 应接受多样性和复杂性的训练。

(1) 结合不同行业和领域的知识,提升 ChatGPT 的专业性和自适应能力。

(2) 训练 ChatGPT 处理复杂的语境和非标准信息,增强其应对不确定性情况的能力。

(3) 引入不同语言和文化背景的数据,增强跨文化交流的能力。

智能自适应与学习是 ChatGPT 成长为一个高效智能助手的关键途径。通过以上提到的几方面的持续优化和发展,ChatGPT 将能更好地理解和适应用户的需求,提供更加个性化和人性化的服务,从而为用户创造更加完善和满意的交互体验。

8.5 强化隐私保护

随着 ChatGPT 等智能聊天助手的应用领域不断扩展,越来越多的个人敏感信息被处理。为此,强化隐私保护变得极为关键,以确保用户数据的安全性和用户对服务的信任度。

1. 利用先进的加密技术

使用最新的加密技术可以保障用户数据在传输和存储过程中的安全性。

(1) 采用强大的加密算法对所有用户数据进行加密,如 AES(高级加密标准)和 TLS(传输层安全)等。

(2) 加密用户身份标识和聊天记录,保护用户隐私不被第三方获取。

2. 实施匿名化处理

匿名化处理用户数据,可以在不泄露用户身份的前提下进行数据分析和服务优化。

(1) 对用户数据进行去标识化处理，确保无法追溯至特定用户。

(2) 在处理用户反馈和数据时，采用匿名统计，避免暴露用户个人信息。

3. 限制数据访问和共享

严格控制内部员工和外部服务商对用户敏感数据的访问权限，避免不必要的数据泄露。

(1) 实施基于角色的数据访问控制，确保只有授权人员才能接触到敏感数据。

(2) 审慎考量与第三方的数据共享安排，确保第三方的隐私保护措施符合要求。

4. 提高系统的透明度

向用户提供清晰可理解的隐私政策，让用户了解自己的数据如何被收集和使用。

(1) 定期更新隐私政策，详细解释数据的收集、处理和存储方式。

(2) 通过用户界面清晰地告知用户哪些数据正在被收集及收集数据的原因。

5. 强化数据泄露应对机制

制订详细的数据泄露应急计划，以便在数据被非法访问时快速响应，减少损失。

(1) 建立并测试数据泄露的检测和报警系统，确保在第一时间发现异常情况。

(2) 准备好数据泄露后的用户通知、法律合规报告和迅速修复措施。

通过这些措施的实施，未来的ChatGPT将不仅能更好地保护用户的个人敏感数据，也将进一步加强用户对智能聊天助手服务的信任。这对于构建安全、可靠和可持续的服务环境至关重要。

8.6 伦理和监管发展

随着人工智能技术的快速发展，伦理和监管也在不断地进步和完善。对于ChatGPT和相关AI技术来讲，这些发展将确保技术应用的规范性，在预防潜在滥用的同时，促进技术的健康和可持续发展。

1. 发展全面的伦理框架

为AI技术建立全面的伦理框架，指导技术的发展和应用。

(1) 制定和更新一套详细的行为准则，列明应该遵守的伦理原则。

(2) 考虑包含公平性、透明度、责任性和隐私保护等核心价值观。

(3) 鼓励开发者将伦理纳入系统的设计和开发过程中。

2. 强化法律和监管政策

加强与法律、政策的结合，通过监管措施引导AI技术的健康发展。

(1) 推动制定和完善监管政策，如数据保护法、算法监督法规和责任归属规则。

(2) 与监管机构合作，确保AI系统和服务的合规性。

(3) 关注国际趋势和标准，应对全球化的法律和监管挑战。

3. 建立伦理审查机制

设立伦理审查机制，评估和监管AI系统可能带来的伦理问题。

(1) 成立伦理委员会，进行项目审查，确保遵守伦理规定。

(2) 对 AI 的应用场景进行风险评估，特别是在高风险领域，如医疗、司法和安全等。

(3) 定期报告审查结果，透明化审查流程和决策依据。

4. 促进利益相关者的参与

鼓励用户、专家和公众参与到 AI 伦理和监管的讨论中。

(1) 通过民主参与机制，让利益相关者能对 AI 的发展提出意见和建议。

(2) 组织研讨会和公开咨询，收集社会各界对 AI 伦理和监管的看法。

(3) 鼓励利益相关者在监管政策的制定和执行过程中发挥作用。

5. 强调技术的负责任使用

传播负责任使用 AI 技术的理念，预防技术被滥用。

(1) 向用户和开发者普及对技术的正确理解和使用方式。

(2) 强化对可能滥用 AI 技术的监控和处罚措施。

(3) 支持开发和使用符合伦理标准的 AI 技术。

6. 支持持续的伦理和监管教育

推动在伦理和监管领域的教育，为 AI 的持续健康发展提供人才支持。

(1) 在教育机构中引入 AI 伦理和法律课程。

(2) 对从业者进行持续的专业培训和继续教育。

(3) 促进伦理和法律专业人才在 AI 行业中的重要性认识。

通过上述措施，可以确保 ChatGPT 及相关 AI 技术在伦理和法律框架下发展，塑造健康的技术应用环境，实现人工智能的可持续和负责任发展。

8.7 跨界融合的新境界

ChatGPT 作为一种多功能的人工智能技术，与其他先进领域结合，在创造全新的产品和服务方面展现出巨大潜力。这种跨界融合不仅提升了各个领域的智能化水平，也为 AI 技术的应用开辟了新的境界。

1. 与自动驾驶的结合

ChatGPT 可以与自动驾驶技术紧密结合，提升乘车体验和安全性。

(1) 车内的 ChatGPT 系统能够与驾驶员进行互动，提供路线指导、交通信息，甚至娱乐服务。

(2) 在紧急情况下，ChatGPT 能够协助进行风险评估，并提供及时的安全建议。

2. 融入智能家居

ChatGPT 可以成为智能家居系统的核心，实现家居环境的智能交互。

(1) 用户可以通过与 ChatGPT 对话来控制家中的智能设备，如灯光、温度、安防系统等。

(2) ChatGPT 能够学习用户的生活习惯，主动提供个性化的居家体验。

3. 个性化教育的实现

ChatGPT 可以个性化地支持教育过程，提供个性化辅导和学习体验。

（1）对学生的学习进度和风格进行分析，提供定制化的学习资源和辅导计划。

（2）与在线课程和学习管理系统（LMS）相结合，提供实时的学习支持和反馈。

4. 加强健康管理

通过融合 ChatGPT，可以为个人健康管理提供更加智能化的服务。

（1）ChatGPT 可以为用户提供健康建议、饮食规划及运动指导。

（2）在保护隐私的前提下，ChatGPT 可以帮助监测健康数据，并在必要时提出去医院就诊的建议。

5. 提升零售和客户服务体验

在零售和客户服务中应用 ChatGPT，使用户体验更加流畅和个性化。

（1）结合用户的购物历史和偏好，通过 ChatGPT 为顾客提供个性化的购物建议。

（2）在客户服务中，ChatGPT 协助处理询问，解释产品信息，或者处理售后问题。

6. 美化创意和艺术作品

ChatGPT 在创意和艺术领域内，为创作过程增添智慧火花。

（1）借由自然语言理解和生成的能力，ChatGPT 可以协助艺术家构想创意文本、歌词或剧本。

（2）ChatGPT 可以与视觉艺术工具结合，基于文字描述生成图像或设计概念。

这些具有前瞻性的融合示例说明了 ChatGPT 如何能够推动不同领域技术的融合发展，并创造全新的用户体验。跨界融合不仅为人工智能带来了更广阔的应用前景，也使我们能够更深刻地理解和发掘 AI 技术的潜力。随着技术的不断进步和成熟，可以期待 ChatGPT 在未来的跨界融合中担当更加重要的角色。

结语

ChatGPT 的未来展望描绘了一个与人类生活紧密融合的愿景，在这里它能够为人类提供更智能、更安全且更深入的交流及合作体验，然而，要实现这一愿景，需要各界人士共同努力，包括技术研发者、用户、政策制定者及伦理学家等，我们必须携手合作，确保 ChatGPT 的技术发展既可持续又具有责任感。

图 书 推 荐

书　　名	作　　者
Diffusion AI 绘图模型构造与训练实战	李福林
图像识别——深度学习模型理论与实战	于浩文
HuggingFace 自然语言处理详解——基于 BERT 中文模型的任务实战	李福林
动手学推荐系统——基于 PyTorch 的算法实现(微课视频版)	於方仁
TensorFlow 计算机视觉原理与实战	欧阳鹏程、任浩然
自然语言处理——原理、方法与应用	王志立、雷鹏斌、吴宇凡
人工智能算法——原理、技巧及应用	韩龙、张娜、汝洪芳
跟我一起学机器学习	王成、黄晓辉
深度强化学习理论与实践	龙强、章胜
Java+OpenCV 高效入门	姚利民
Java+OpenCV 案例佳作选	姚利民
计算机视觉——基于 OpenCV 与 TensorFlow 的深度学习方法	余海林、翟中华
深度学习——理论、方法与 PyTorch 实践	翟中华、孟翔宇
Flink 原理深入与编程实战——Scala+Java(微课视频版)	辛立伟
Spark 原理深入与编程实战(微课视频版)	辛立伟、张帆、张会娟
PySpark 原理深入与编程实战(微课视频版)	辛立伟、辛雨桐
Python 预测分析与机器学习	王沁晨
Python 人工智能——原理、实践及应用	杨博雄 等
Python 深度学习	王志立
编程改变生活——用 Python 提升你的能力(基础篇·微课视频版)	邢世通
编程改变生活——用 Python 提升你的能力(进阶篇·微课视频版)	邢世通
编程改变生活——用 PySide6/PyQt6 创建 GUI 程序(基础篇·微课视频版)	邢世通
编程改变生活——用 PySide6/PyQt6 创建 GUI 程序(进阶篇·微课视频版)	邢世通
Python 量化交易实战——使用 vn.py 构建交易系统	欧阳鹏程
Python 从入门到全栈开发	钱超
Python 全栈开发——基础入门	夏正东
Python 全栈开发——高阶编程	夏正东
Python 全栈开发——数据分析	夏正东
Python 编程与科学计算(微课视频版)	李志远、黄化人、姚明菊 等
Python 游戏编程项目开发实战	李志远
Python 数据分析实战——从 Excel 轻松入门 Pandas	曾贤志
Python 概率统计	李爽
Python 数据分析从 0 到 1	邓立文、俞心宇、牛瑶
Python Web 数据分析可视化——基于 Django 框架的开发实战	韩伟、赵盼
Python 玩转数学问题——轻松学习 NumPy、SciPy 和 Matplotlib	张骞
AR Foundation 增强现实开发实战(ARKit 版)	汪祥春
AR Foundation 增强现实开发实战(ARCore 版)	汪祥春
ARKit 原生开发入门精粹——RealityKit + Swift + SwiftUI	汪祥春
HoloLens 2 开发入门精要——基于 Unity 和 MRTK	汪祥春
Octave GUI 开发实战	于红博

续表

书　　名	作　　者
Octave AR 应用实战	于红博
HarmonyOS 移动应用开发(ArkTS 版)	刘安战、余雨萍、陈争艳 等
openEuler 操作系统管理入门	陈争艳、刘安战、贾玉祥 等
JavaScript 修炼之路	张云鹏、戚爱斌
深度探索 Vue.js——原理剖析与实战应用	张云鹏
前端三剑客——HTML5＋CSS3＋JavaScript 从入门到实战	贾志杰
剑指大前端全栈工程师	贾志杰、史广、赵东彦
HarmonyOS 应用开发实战(JavaScript 版)	徐礼文
HarmonyOS 原子化服务卡片原理与实战	李洋
鸿蒙操作系统开发入门经典	徐礼文
鸿蒙应用程序开发	董昱
鸿蒙操作系统应用开发实践	陈美汝、郑森文、武延军、吴敬征
HarmonyOS 移动应用开发	刘安战、余雨萍、李勇军 等
HarmonyOS App 开发从 0 到 1	张诏添、李凯杰
从数据科学看懂数字化转型——数据如何改变世界	刘通
JavaScript 基础语法详解	张旭乾
5G 核心网原理与实践	易飞、何宇、刘子琦
恶意代码逆向分析基础详解	刘晓阳
深度探索 Go 语言——对象模型与 runtime 的原理、特性及应用	封幼林
深入理解 Go 语言	刘丹冰
Vue＋Spring Boot 前后端分离开发实战	贾志杰
Spring Boot 3.0 开发实战	李西明、陈立为
Flutter 组件精讲与实战	赵龙
Flutter 组件详解与实战	[加]王浩然(Bradley Wang)
Dart 语言实战——基于 Flutter 框架的程序开发(第 2 版)	亢少军
Dart 语言实战——基于 Angular 框架的 Web 开发	刘仕文
IntelliJ IDEA 软件开发与应用	乔国辉
FFmpeg 入门详解——音视频原理及应用	梅会东
FFmpeg 入门详解——SDK 二次开发与直播美颜原理及应用	梅会东
FFmpeg 入门详解——流媒体直播原理及应用	梅会东
FFmpeg 入门详解——命令行与音视频特效原理及应用	梅会东
FFmpeg 入门详解——音视频流媒体播放器原理及应用	梅会东
Power Query M 函数应用技巧与实战	邹慧
Pandas 通关实战	黄福星
深入浅出 Power Query M 语言	黄福星
深入浅出 DAX——Excel Power Pivot 和 Power BI 高效数据分析	黄福星
从 Excel 到 Python 数据分析：Pandas、xlwings、openpyxl、Matplotlib 的交互与应用	黄福星
云原生开发实践	高尚衡
云计算管理配置与实战	杨昌家
虚拟化 KVM 极速入门	陈涛
虚拟化 KVM 进阶实践	陈涛
Octave 程序设计	于红博